高级技工学校教材

计量与标准化基础知识

张　荣　主编

化学工业出版社

·北京·

图书在版编目（CIP）数据

计量与标准化基础知识/张荣主编．—北京：化学工业
出版社，2006.2（2024.9重印）
高级技工学校教材
ISBN 978-7-5025-8300-2

Ⅰ．计…　Ⅱ．张…　Ⅲ．计量-标准化-高等学校：技术
学院-教材　Ⅳ．TB9

中国版本图书馆 CIP 数据核字（2006）第 013130 号

责任编辑：陈有华　　　　　　　　　　　　装帧设计：于　兵
责任校对：于志岩

出版发行：化学工业出版社（北京市东城区青年湖南街 13 号　邮政编码 100011）
印　　装：大厂聚鑫印刷有限责任公司
787mm×1092mm　1/16　印张 7¾　字数 173 千字　　2024 年 9 月北京第 1 版第 14 次印刷

购书咨询：010-64518888　　　　　　　售后服务：010-64518899
网　　址：http://www.cip.com.cn
凡购买本书，如有缺损质量问题，本社销售中心负责调换。

定　价：25.00 元

前　　言

　　《计量与标准化基础知识》教材是根据劳动和社会保障部颁布的《化学检验专业高级技工教学计划》，由全国化工高级技工教育教学指导委员会化学检验组组织编写的全国化工高级技工教材，该教材可作为各类中高级技能人才培养的参考书，也可作为相关企业工人培训的教材使用。

　　本教材分为七章，主要介绍计量与计量法规、测量仪器、计量标准与检定、法定计量单位的使用、标准与标准化法律、标准的制定与实施、质量管理体系标准。本书内容简明扼要，通俗易懂，全面而有较强的系统性，层次分明。每一章都有学习目标和习题，个别章后增加了实际训练的练习，有利于理论与实践相结合，学以致用。

　　本教材是在面向 21 世纪职业教育改革进程中诞生的，是化学检验专业采用"模块式技能培训"教学模式的配套教材之一。编者在编写过程中力求做到知识内容的科学性和先进性，又能适合学生的知识和能力水平，以使学生能够掌握计量和标准化知识，为后继课程和专业实践学习打下坚实的基础。本教材也可供其他专业学生学习计量知识和标准化知识时参考使用。

　　本书由张荣主编，盛晓东主审。张荣编写第一、二、三、四、七章，吴丽文编写第五、六章。全书由张荣统稿整理。参加本教材审稿及帮助指导工作的有胡仲胜、李文原、金跃康、董吉川、池雨芮、贺红举、杨永红、巫显会、王庆杰、王晓玲、宁芬英、师玉荣、陈勇、冯素琴、张怡、陈辉、吴卫东、古丽、关杰强、黎坤、王波、杨兵、陈本寿、曾祥燕等老师。

　　本教材在编写过程中得到中国化工教育协会、化学工业出版社、全国化工高级技工教育教学指导委员会的帮助和指导，得到了重庆市化医高级技工学校、上海化工高级技工培训中心、云南省化工高级技工学校、上海信息技术学校、河南化学工业高级技工学校、新疆职业技师培训学院、四川省化工技工学校、合肥市化工职业技术学校、山东化工高级技工学校、陕西工业技术学院、山西太原工贸学校、广西石化高级技工学校、江苏盐城技师学院等学校的大力支持，在此一并表示感谢。

　　由于编者水平有限，不妥之处在所难免，敬请读者和专家批评指正。

编　者

2005 年 11 月

目　　录

第一章　计量与计量法规

学习目标

1. 熟悉计量的基本概念、分类和特点。
2. 熟悉《中华人民共和国计量法》的内容。

第一节　计 量 概 述

计量的概念源于商品交换，由于人们生活中最早迫切需要测量长度、容积和质量，所以在古代中国，人们把计量称为度量衡。随着生产、科学技术和社会的不断发展，计量的范围逐渐扩大，内容不断充实，已远远超出度量衡的范畴。它包括各种物理量、化学量以及工程量的计量测试。近年来，计量的发展尤为迅速，以至囊括了生理量和心理量等的计量测试。计量同国家法规和行政管理紧密结合，这在其他学科中是少有的，系其最显著的特点。

一、计量的定义

根据国家计量技术规范 JJF 1001—1998《通用计量术语及定义》，计量定义为"实现单位统一、量值准确可靠的活动"。人类为了生存和发展，必须认识自然，利用自然和改造自然，而自然界的一切现象、物体或物质，是通过一定的"量"来描述和体现的。因此，要认识大千世界和造福人类社会，就必须对各种量进行分析和确认，既要区分量的性质，又要确定其量值。而在不同时间、地点，由不同的操作者用不同仪器所确定的同一个被测量的量值，应当具有可比性。只有当选择测量单位遵循统一的准则，并使所获得的量值具有必要的准确度和可靠性时，才能保证这种可比性。显然，对测量的这种要求不会自发地得到满足，必须由社会上的有关机构、团体包括政府进行有组织的活动才能达到。这些活动，主要包括进行科学研究，发展测量技术，建立计量基准、标准等用于保证测量结果具有溯源性的物质技术基础，以及制定计量法规，开展计量管理等。

二、计量的分类

计量学包括专业较多，应用十分广泛。如按专业划分可以分为几何量、温度、力学、电磁学、时间频率、光学、声学、化学（含标准物质）、电子和电磁辐射等十大类。国际法制计量组织（OIML）根据应用领域将计量学分为工业计量学、商业计量学、天文计量学和医用计量学等。就学科而言，根据任务性质分为科学计量、工程计量和法制计量三类。

1. 科学计量

科学计量是指基础性、探索性、先行性的计量科学研究。通常用最新的科技成果来精确地定义与实现计量单位，并为最新的科技发展提供可靠的测量基础。科学计量通常是计量科学研究机构，特别是国家计量科学研究机构的主要任务，包括计量单位与单位制的研究、计量基准与标准的研究制定、物理常量与精密测量技术的研究、量值溯源与量值传递系统的研究、量值比对方法与测量不确定度的研究等。

2. 工程计量

工程计量也称工业计量，是指各种工程、工业企业中的应用计量。例如有关能源或材料的消耗、工艺流程的监控以及产品质量与性能的测试等。随着产品技术含量的提高和复杂性的增大，工程计量涉及的领域越来越广泛。为保证经济贸易全球化所必须的一致性和互换性，工程计量已成为生产过程控制不可缺少的环节。

3. 法制计量

法制计量是为了保证公众安全、国民经济和社会发展，根据法制、技术和行政管理的需要，由政府或其授权机构进行强制管理的计量，包括对计量单位、计量器具、测量方法及测量实验室的法定要求等。

三、计量的特点

由于计量与社会经济各个部门，人民生活的各个方面有着密切的关系。所以必然对计量单位统一、量值准确可靠提出越来越高的要求。因此，计量具有以下四个特点。

1. 准确性

准确性是计量的基本特征，是计量科学的命脉，计量技术工作的核心。经检定、校准确定计量的准确性，以误差、不确定度为考核指标，来反映计量结果与被测量真值的接近程度。

2. 一致性

一致性是计量学最本质的特性，从计量的定义可看出计量的统一和一致。它不仅对单位统一，还对量值的准确可靠要求统一，也就是要求计量活动结果符合规定的技术指标。计量的一致性，不仅限于国内，也适用于国际。

3. 溯源性

为了使计量结果准确可靠，任何量值都必须溯源于该量值的基准（国家基准或国际基准）。也就是任何量值均能追溯到"源"头。量值的基准，是确保计量活动结果能满足量值的准确可靠和统一的基础。

4. 法制性

为实现单位统一、量值准确可靠，不仅要有一定的技术手段，还要有相应的法规和行政管理等法制手段来保障。我国计量以《中华人民共和国计量法》为准则，所有的计量活动均应符合其规定。例如，必须使用法定计量单位；对社会公用计量标准器具，部门和企业、事业单位使用的最高计量标准器具，以及用于贸易结算、医疗卫生、安全防护、环境监测等方面的计量器具，实行强制检定等。对法定计量检定机构设置、计量标准建立、计量器具监督检查以及产品质量检验机构的计量认证等各个环节都必须有法律保障。否则，计量的准确性、统一性就无法实现，其作用也无法发挥。

四、计量研究内容

计量研究的内容主要有：量和单位；计量器具（包括计量基准、标准及工作计量器具）；量值传递与量值溯源；测量误差、测量不确定度与数据处理以及计量管理等。

第二节 计量法规

1985 年 9 月 6 日第六届全国人民代表大会常务委员会第十二次会议通过了《中华人民共和国计量法》（以下简称计量法），并以中华人民共和国主席令正式公布。计量法是国家管理计量工作的基本法律，是实施计量监督管理的最高准则。

一、《中华人民共和国计量法》简介

《中华人民共和国计量法》共六章，三十五条，其主要内容归纳如下。

1. 立法的宗旨

立法的宗旨是为了加强计量监督管理，保障国家计量单位制的统一和量值的准确可靠，有利于生产、贸易和科学技术的发展，适应社会主义现代化建设的需要，维护国家、人民的利益。

2. 立法的原则

立法的原则是统一立法，区别管理。

3. 适用范围

中华人民共和国境内，所有国家机关、社会团体、中国人民解放军、企事业单位和个人，凡是使用计量单位，建立计量基准、计量标准，进行计量检定，制造、修理、销售、使用计量器具和进口计量器具，开展计量认证，实施仲裁检定和调解计量纠纷，进行计量监督管理方面所发生的各种法律关系，均为计量法适用的范围。

4. 法定计量单位

我国采用国际单位制。国际单位制计量单位和国家选定的其他计量单位为国家法定计量单位。

5. 计量基准

国家计量基准是统一全国量值的最高依据。计量基准由国务院计量行政部门负责批准和颁发证书。目前，大部分计量基准建在中国计量科学研究院，有 13 项建在其他有关部门和计量技术机构。

6. 计量标准

县级以上地方人民政府计量行政部门，根据本地区需要建立本行政区域内社会公用计量标准。

社会公用计量标准是统一本地区量值的依据，在社会上实施计量监督具有公证作用，其数据具有权威性和法律效力。

国务院有关主管部门或省级有关主管部门根据本部门的特殊需要，可以建立本部门使用的计量标准。企业、事业单位根据需要，可以建立本单位使用的计量标准。

7. 强制检定

强制检定是指计量标准或工作计量器具必须定期定点地由法定的或授权的计量检定机构检定。强制检定的计量器具范围有：社会公用计量标准器具；部门和企业、事业单位使用的最高计量标准器具；用于贸易结算、安全防护、医疗卫生、环境监测等方面的列入计量器具强制检定目录的工作计量器具。

非强制检定的计量器具可由使用单位依法自行定期检定，本单位不能检定的，由有权开展量值传递工作的计量检定机构进行检定。计量检定工作应当按照经济合理、就地就近的原则进行。

8. 国家计量检定系统表和计量检定规程

国家计量检定系统表和国家计量检定规程是全国法定性的计量技术文件。计量检定必须按照国家计量检定系统表进行；计量检定必须执行计量检定规程，没有国家计量检定规程的可执行部门和地方计量检定规程。

9. 制造、修理计量器具许可证

制造、修理计量器具的企业、事业单位须取得《制造计量器具许可证》或《修理计量器具许可证》，否则工商行政管理部门不予办理营业执照。进口的计量器具，必须向省级以上人民政府计量行政部门申请检定，由其指定的计量检定机构检定合格后，方可销售。

10. 法定计量检定机构

县级以上人民政府计量行政部门，根据需要设置计量检定机构，或者授权其他单位的计量检定机构，执行强制检定和其他检定、测试任务。被授权执行检定、测试任务人员，必须经县级以上人民政府计量行政部门考核合格。

11. 计量纠纷的处理

处理因计量器具的准确度所引起的纠纷，以国家计量基准器具或者社会公用计量标准器具检定的数据为准（即仲裁检定）。

县级以上人民政府计量行政部门负责计量纠纷的调解和仲裁检定，并可根据司法机关、合同管理机关、涉外仲裁机关或者其他单位的委托，指定有关计量检定机构进行仲裁检定。

12. 违反计量法应承担的法律责任

① 有如下行为的没收违法所得，可以并处罚款。

未取得《制造计量器具许可证》、《修理计量器具许可证》制造或者修理计量器具的，责令其停止生产、停止营业；

制造、修理、销售不合格计量器具；

属于强制检定范围的计量器具，未按照规定申请检定或者检定不合格继续使用的，责令其停止使用；

使用不合格的计量器具或者破坏计量器具准确度，给国家和消费者造成损失的，责令其赔偿损失，没收其计量器具。

制造、销售、使用以欺骗消费者为目的的计量器具的，没收其计量器具。情节严重的，并对个人或者单位直接责任人员按诈骗罪或者投机倒把罪追究刑事责任。

② 计量监督人员违法失职，情节严重的，依照《刑法》有关规定追究刑事责任；情节轻微的，给予行政处分。

二、计量法规

计量法是国家管理计量工作的基本法。由于它只对计量工作中的重大原则问题做了规定，因此，实施计量法还必须制定具体的计量法规，以便将计量法的各项原则规定具体化，形成一个以计量法为基本法的计量法规体系。计量法规包括计量管理法规和计量技术法规两大部分。

计量管理法规是指国务院以及省、自治区、直辖市和较大市的人民代表大会及其常委会为实施计量法制定颁布的各种条例、规定或办法。计量管理规章是指国务院计量行政部门以及省、自治区、直辖市和国务院批准的较大的市的人民政府制定的办法、规定、实施细则等。

计量技术法规包括计量检定系统表、计量检定规程和计量技术规范。计量检定系统表亦称计量检定系统，是国家法定技术文件，它用图表结合文字的形式，规定了国家基准、各级标准直至工作计量器具的检定主从关系。检定规程是检定计量器具时必须遵守的法定技术文件。计量技术规范是进行有关检定、检验、测试时，在样机资料、计量性能、检查方法、技术条件、结果处理等方面必须遵守的规范性文件。

与计量检定工作有关的我国计量管理的法规及文件有三十几个，最主要的有：《中华人民共和国计量法实施细则》（1987年1月19日国务院批准，1987年2月1日国家计量局发布）；《中华人民共和国计量法条文解释》（1987年5月30日国家计量局发布）；《计量违法行为处罚细则》（1990年8月25日国家技术监督局发布）；《中华人民共和国强制检定的工作计量器具明细目录》（1987年5月28日国家计量局发布）。

习　题

一、选择题

1. 计量研究的内容是（　　）。

A. 量和单位　　　　B. 计量器具　　　　C. 误差

2. 中华人民共和国计量法实施的时间是（　　）。

A. 1986年7月1日　　　B. 1987年7月1日　　　C. 1987年2月1日

二、判断题

1. 计量基准由国务院计量行政部门负责批准和颁发证书。（　　）

2. 国务院有关主管部门或省级有关主管部门根据本部门的特殊需要，可以建立本部门使用的计量标准。企业、事业单位根据需要，可以建立本单位使用的计量标准。（　　）

3. 强制检定是指计量标准或工作计量器具必须定期定点地由法定的或授权的计量检定机构检定。（　　）

4. 非强制检定的计量器具可由使用单位依法自行定期检定，本单位不能检定的，由有权开展量值传递工作的计量检定机构进行检定。（　　）

　　5. 计量检定必须按照国家计量检定系统表进行；计量检定必须执行计量检定规程，没有国家计量检定规程的可执行部门和地方计量检定规程。（　　　）

　　6. 计量技术法规包括计量检定系统表、计量检定规程和计量技术规范。（　　　）

三、简答题

　　1. 什么叫计量，计量分类及特点是什么？

　　2. 计量法适用范围包括哪些？

　　3. 哪些违反计量法的行为可以没收违法所得并处以罚款？

第二章　测量仪器

学习目标

1. 了解测量仪器定义及分类。
2. 熟悉计量器具特性。
3. 熟悉计量器具的管理。

第一节　测量仪器定义及分类

一、测量仪器定义

测量仪器是指单独地或连同辅助设备一起用以进行测量的器具（又称为计量器具）。测量仪器是用来测量并能得到被测对象量值的一种技术工具或装置。它主要特点为：用于测量；本身是一种技术工具或装置。如电压表、体温计、直尺等可以单独地用于完成某项测量；热电偶、砝码、标准电阻等则需与其他测量仪器及辅助设备一起使用才能完成测量。

二、测量仪器分类

测量仪器按其结构特点和计量用途可分为测量用的仪器仪表、实物量具、标准物质及测量系统（或装置）。

1. 实物量具

实物量具是指使用时以固定形态复现或提供给定量的一个或多个已知值的器具。实物量具本身不带指示器，而由被测量对象本身形成指示器，如测量液体容量用的量器，就是利用液体的上部端面作为指示器；可调实物量具虽然有指示器件，但它是供实物量具调整用，而不是供测量作指示用，如标准信号发生器。从实物量具所复现的或提供的量值来看，分为单值量具和多值量具。成组量具也可视为多值量具。

2. 测量用的仪器仪表

测量用的仪器仪表从不同的角度出发可以有不同的命名方法，通常为：以被测量的量的名称来命名，如压力计、电流表等；以涉及到的测量方法来命名，如差压变送器等；以涉及到的测量原理来命名，如 U 形压力计、天平等；以涉及到具体的用途来命名，如体温计、测厚仪等；以仪器发明者名字来命名，如毕托管、波登管等；还有以制造商或制造商选定的商品名称来命名的。有时，从计量器具的名称可以看出其计量特性，如 0.5 级电压表、一等标准水银温度计等。总之，可以参照 JJF 1051—1996《工作计量器具命名与分类代码规范》从不同的角度来命名，因此，有时同一种计量器具可以有几种名称。

判断测量仪器或仪表，主要依据其是否"用以进行测量"，即主要看其用于测量时，被测量是否在该器具上被"转换"。如，压力表用于测量时，被测压力信号转成度盘上可读取的示值。此时，压力量被转换成长度量，因此压力表属于测量仪器。

3. 标准物质

标准物质（参考物质）是指具有一种或多种足够均匀和很好地确定了的特性，用以校准测量装置、评价测量方法或给材料赋值的一种材料或物质。它可以是纯的或混合的气体、液体或固体，例如校准黏度计用的液体，化学分析校准用的溶液等。它是属于实物量具的范畴。

在计量部门使用的通常为"有证参考物质"（有证标准物质），它是附有证书的参考物质，其一种或多种特性值用建立了溯源性的程序确定，使之可溯源到准确复现的表示该特性值的测量单位，每一种出证的特性值都附有给定置信水平的不确定度。

4. 测量系统

测量系统是指组装起来以进行特定测量的全套测量仪器和其他设备。如测量半导体材料电导率的装置，校准体温计的装置，光学高温计检定装置等。测量系统可包含实物量具和化学试剂，对固定安装着的测量系统称为测量装备，如热电偶检定装置又称为热电偶测量装备。

为了进行特定的或多种的测量任务，常需要一台或若干台计量器具，人们往往把这些计量器具连同有关的辅助设备构成的整体或系统，称为计量系统或计量装置。

辅助设备主要有三种作用，一是将被测量的量或影响量保持于某个适当的数值上；二是方便于测量操作的进行；三是改变计量器具的计量范围或灵敏度。例如放大器、读数放大镜、泵、试验电源、空气分离器、流量计量装置中的限流器、温度计检定用的控温油槽等，均属于辅助设备。还有电学计量装置中用于扩大计量范围的辅助器件，例如分流器、分压器、附加电阻、互感器等。

计量装置的误差主要取决于计量器具，原则上它们不应再受辅助设备的影响。因此，辅助设备所引起的误差影响量一般比计量仪器的允许误差要低一个数量级。

测量系统（装置）除了可以按前述的分类方法进行分类以外，还可以从规模、服务对象、构成方式及自动化程度等角度进行分类。

按其规模分，它可以是小型的或便携式的，大中型的或固定式的。前者如便携式绝对重力计量装置，后者如大力值标准测力计。

按其被测量的服务对象分，它可以是专用的或有固定服务对象的，也可以是通用的或有广泛服务对象的。前者如锅炉房的全套计量仪器仪表，后者如通用于电视、雷达、通讯设备的多数测量用的网络分析系统。

按其构成方式分，它可以是专门制造的，也可以是组合型的。前者的各功能单元相互配合而构成一个整体，当各单元从装置中分离出来时就不一定再具有原来的功能特性；后者的各个功能单元往往是常规的通用计量器具，当各功能单元从装置中分离出来时仍具有原来的功能特性。

按自动化程度分，它可以是手动的和自动的。随着在线实时测量技术的发展，越来越多的在线测量系统被研制生产，并广泛地用于生产过程控制。

第二节 计量器具的主要特性和计量标准

一、计量器具的主要特性

计量器具除有一般工业产品的性质外，还具有计量学的特性。计量器具的特性主要是指它的准确度、灵敏度、鉴别率（分辨率）、稳定度和动态特性等。为了获得准确的测量结果，计量器具的计量特性必须满足一定的准确度要求。计量特性是计量器具质量和水平的重要指标，也是合理选用计量器具的重要依据。

1. 测量范围的特性

（1）测量仪器的示值 是指测量仪器所给出的量的值。有些测量仪器，标在标尺上的值不是"给出实际的量值"，需将显示器上读出的值乘以仪器常数才得到示值。示值可以是被测量、测量信号或用于计算被测量之值的其他量。对实物量具，示值就是它所标出的值。

（2）标称值 是指测量仪器上表明其特性或指导其使用的量值，该值为修约值或近似值。如标在压力表表盘上的示值；标在标准电阻上的量值；标在单刻度量杯上的量值。标称值为固定的，不随被测量变化而变化。

（3）标称范围 是指测量仪器的操纵器件调到特定位置时可得到的示值范围。标称范围通常用它的上限和下限表明，例如 $100\sim200℃$。若下限为零，标称范围一般用其上限表明，例如，$0\sim100V$ 的标称范围可表示为 $100V$。

（4）测量范围 又称工作范围，是指测量仪器的误差处在规定极限内的一组被测量的值。它与测量设备的最大允许误差有关，在标称范围内，测量设备的误差处于最大允许误差内的那一部分范围才为测量范围，也就是说只有在这一部分测量的值，其准确度才符合要求，因此，有时又把测量范围称为工作范围。

测量范围、标称范围强调的是"区间"界限。

（5）量程 是指标称范围两极限之差的模。例如，对从 $-10\sim+50℃$ 的标称范围，其量程为 $60℃$。它强调的是"标称范围"内，而不是"测量范围"内的两极限之差的模（绝对值，不取"$\pm$"）。量程强调的是"某一具体的值"。

2. 工作条件的特性

（1）额定操作条件 是指测量仪器的规定计量特性处于给定极限内的使用条件。一般规定被测量和影响量的范围或额定值。

（2）极限条件 是指测量仪器的规定计量特性不受损也不降低，其后仍可在额定操作条件下运行而能承受的极端条件。极限条件可包括被测量和影响量的极限值。对储存、运输和运行的极限条件可以各不相同。

（3）参考条件 是指为测量仪器的性能试验或为测量结果的相互比较而规定的使用条件。参考条件一般包括作用于测量仪器的影响量的参考值或参考范围。

3. 响应方面的特性

（1）响应特性 是指在确定条件下，激励与对应响应之间的关系。例如，热电偶的电动势与温度的函数关系。这种关系可以用数学等式、数值表或图来表示。

（2）灵敏度　是指测量仪器的响应变化除以对应的激励变化。它与激励变化的激励值有关。灵敏度指标是考察传感器的主要指标之一。

（3）鉴别力　是指使测量仪器产生未察觉的响应变化的最大激励变化，这种激励变化应缓慢而单调地进行。例如，使天平指针产生可察觉的位移的最小负荷是 3mg，则天平的鉴别力是 3mg（过去称"感量"）。

（4）显示装置的分辨力　是指显示装置能有效辨别的最小的示值差。对于数字式显示装置，是当变化一个末位有效数字跳动一个数字时其示值的变化。对记录式装置，分辨力为标尺分度值的一半。

（5）死区　是指不致引起测量仪器响应发生变化的激励双向变动的最大区间。死区可能与变化的速率有关，死区有时有意地做大些，以防止激励的微小变化引起响应变化。

（6）响应时间　是指激励受到规定突变的瞬间，与响应达到并保持其最终稳定值在规定极限内的瞬间，这两者之间的时间间隔。

4. 准确度方面的特性

（1）准确度　其有测量准确度与测量仪器的准确度之分。测量准确度是指测量结果与被测量真值之间的一致程度。测量仪器的准确度是指测量仪器给出接近于真值的响应能力。准确度是以真值为中心，接近真值的"一致程度"或"响应能力"。在实际应用中，以测量不确定度、准确度等级或最大允许误差来定量表达。

（2）准确度等级　是指符合一定的计量要求，使误差保持在规定极限以内的测量仪器的等别、级别。它也是计量器具最具概括性的特征，综合反映着计量器具基本误差和附加误差的极限值以及其他影响测量准确度的特性值（如稳定度）。准确度等级通常按约定注以数字或符号，并称为等级指标。等别、级别在计量学中是两个不同的概念，它们是有区别的。级别根据示值误差来确定，表明示值误差的档次；等别根据测量不确定度来确定，表明实际值的扩展不确定度的档次。如 0.25 级精密压力表、1.6 级一般压力表、1 等标准水银温度计、M_2 级砝码、Ⅱ级秤等。

在技术标准、检定规程或规范等技术文件中，通常对每个等级的计量器具的各种计量特性做出详细规定，以全面反映该等级计量器具的准确度水平。

（3）误差　是指测量结果减去被测量的真值。测量仪器的误差是指测量仪器示值与对应输入量的真值之差。

由于真值不能确定，实际上用的是"约定真值"代替真值。"约定真值"为对于给定目的具有适当不确定度的、赋予特定量的值，有时该值是约定采用的。一般以指定值、最佳估计值、约定值或参考值作为约定真值。

（4）最大允许误差　是指对给定测量仪器，规范、规程等所允许的误差极限值。有时也称为"测量仪器的允许误差限"。

（5）基值误差　是指为核查仪器而选用在规定的示值或规定的被测量值处的测量仪器误差。

（6）零值误差　是指被测量为零值的基值误差。

（7）固有误差　是指在参考条件下确定的测量仪器的误差，也称为基本误差。

（8）偏移　是指测量仪器示值的系统误差。测量仪器的偏移通常用适当次数重复测量的示值误差的平均来估计。

（9）抗偏移性 是指测量仪器给出不含系统误差的示值的能力。

（10）引用误差 是指测量仪器的误差除以仪器的特定值。特定值一般称为引用值，例如，可以是测量仪器的量程或标称范围的上限。

5. 性能方面的特性

（1）漂移 是指测量仪器的计量特性随时间的慢变化。在规定的条件下，对于一个恒定的激励在规定的时间内的响应变化，称为点漂。标称范围最低值为零时的点漂称为零点漂移，简称零漂；当最低值不为零时，通常称为始点漂移。

（2）稳定性 是指测量仪器保持其计量特性随时间恒定的能力。通常稳定性是对时间而言。当对其他量（如电源电压波动、环境气压波动等）考虑稳定性时，则应明确说明。表示稳定度可用如下方式定量表示：

① 用计量特性变化某个规定的量所经过的时间；

② 用计量特性经规定的时间所发生的变化。

一般在正常使用条件下，测量仪器越稳定越好、漂移越小越好。

（3）重复性 测量仪器的重复性是指在相同测量条件下，重复测量同一个被测量，测量仪器提供相近示值的能力。重复性可用测量结果的分散性定量来表示。相同测量条件包括：相同的测量程序；相同的观察者；在相同条件下使用相同的测量设备；在相同的地点；在短时间内重复测量。

（4）可靠性 是指测量仪器在规定条件下和规定时间内，完成规定功能的能力。表示测量仪器可靠性的定量指标，可以采用在其极限工作条件下的平均无故障工作时间 MTBF（mean time between failures）来表示。这个指标越高，说明可靠性越好。

二、计量标准

1. 定义

计量标准是指为了定义、实现、保存或复现量的单位或一个或多个量值，用作参考的实物量具、测量仪器、参考物质或测量系统。例如，1kg 质量标准；100Ω 标准电阻；标准电流表；铅频率标准；标准氢电极；有证标准物质等。

一组相似的实物量具或测量仪器，通过它们的组合使用所构成的标准称为集合标准，如标准电阻；一组其值经过选择的标准，它们可单个使用或组合使用，从而提供一系列同种量的值，称为标准组，如标准电阻组。

国际计量标准是指经国际协议承认，具有现代科学技术所能达到的最高计量学特性，在国际上作为对有关量的计量标准定值的依据的计量器具。

国家计量标准是指经国家决定承认的计量标准，在一个国家内作为对有关量的其他计量标准定值的依据。

国家计量标准由国家计量行政部门根据国民经济发展和科学技术进步的需要统一规划、组织建立。属于基本的、通用的、为各行各业服务的计量标准，建立在国家法定计量检定机构；属于专业性强，仅为个别行业所需要，或者工作条件要求特殊的计量标准，可授权其他部门建在有关技术机构。

2. 计量标准的分类

计量标准按计量单位的定义形式可分为自然基准和实物基准。如质量计量基准就是实物基准千克原器。长度计量基准就是自然基准（由激光波长来定义）。计量标准按量传体系通常有基准（原级标准）、次级标准、参考标准、工作标准等。

基准（又称原级标准）是指具有最高的计量学特性，其值不必参考相同量的其他标准，被指定的或普遍承认的计量标准。如国家计量标准、国际计量标准。

次级标准是指通过与相同量的基准比对而定值的计量标准。有时副基准、工作基准亦称次级标准。

参考标准是指在给定地区或在给定组织内，通常具有最高计量学特性的计量标准，在该处所做的计量均从它导出。

工作标准是指用于日常校准或核查实物量具、测量仪器或参考物质的计量标准，它通常用参考标准来校准。用于确保日常测量工作正确进行的工作标准又称为核查标准。此外，还有传递标准和搬运式标准之说。传递标准是指在测量标准相互比较中用作媒介的测量标准。搬运式标准是指供运输到不同地点有时具有特殊结构的测量标准，如血压计标准器。

3. 计量标准之间的关系

计量标准之间的关系，如图 2-1 所示。

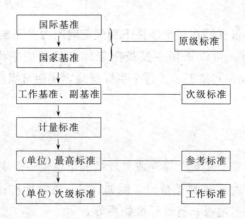

图 2-1　计量标准之间的关系

第三节　计量器具管理

一、计量器具的确定

为了加强对计量器具的管理，国务院计量行政部门制定了《中华人民共和国依法管理的计量器具目录》（以下简称《依法管理目录》）。在该目录中列举了计量基准、计量标准和工作计量器具的具体名称。由于科技的发展，会不断产生各种新的、《依法管理目录》中未包含的计量器具新产品。因此，判定是否属于计量器具，就必须按计量器具的定义和计量器具的基本特征来进行科学分析。

计量器具是指单独地或连同辅助设备一起用以进行测量的器具。其基本特征表现为用于测量；能确定被测对象的量值；本身是一种计量技术装置。如该目录中虽然没有列出"电话计费器"这个名称，但电话计费器实质上是测量通话时间量值的，这个时间量值乘以单位时间的价格即为通话的收费依据。因此，根据计量器具的定义，电话计费器属于计量器具。

二、计量器具管理的范围和内容

1. 计量器具管理范围

计量器具是实现全国计量单位制的统一和保证量值准确可靠的重要的物质基础，因而也是计量立法的重点内容。凡列入《依法管理目录》的计量器具，必须严格按照《中华人民共和国计量法》（以下简称《计量法》）及其实施细则和有关管理办法的规定进行管理，对违反有关规定的，必须追究相应的法律责任。

依法管理的计量器具包括：计量基准、计量标准和工作计量器具以及属于计量基准、计量标准和工作计量器具的新产品等三方面的计量器具。在《依法管理目录》中规定：

① 依法管理的计量基准的项目名称由国家另行公布。

② 依法管理的计量标准和工作计量器具共分 12 大类，其中公布通用计量器具 484 种，专用计量器具的具体项目名称由国务院有关部门计量机构拟定，报国务院计量行政部门审核后公布。

③ 凡符合计量器具定义的计量器具新产品，也属于依法管理的范围。

2. 计量器具管理内容

（1）计量器具产品管理　根据《计量法》的规定，对计量器具产品的依法管理主要分为三个阶段，即计量器具新产品管理，加强新产品型式鉴定；对制造、修理计量器具实施许可证制度；对计量器具产品实施质量监督检查。

（2）计量器具的使用管理　计量器具投入使用后，就进入依法使用的阶段。为保证使用中的计量器具的量值准确可靠，《计量法》规定，要实施周期检定，对社会公用计量标准、企事业单位最高计量标准和用于贸易结算、医疗卫生、环境监测及安全防护等四个方面的工作计量器具依法实施强制检定。

对于其他的计量标准器具和工作计量器具，使用单位应当自行定期检定或者送其他计量检定机构检定，县级以上人民政府计量行政部门应当进行监督检查。

三、计量器具许可证标志和编号

经许可证考核合格的单位，准予许可证编号和标志制作在批准项目的产品上或铭牌名上，另外，在合格证、说明书和外包装上可使用许可证标志和编号。制造计量器具许可证编号应与标志在一起使用，编号标注在标志的下侧或右侧。

1. 许可证标志

许可证标志为 CMC，其含义是"中华人民共和国制造、修理计量器具许可证"，英文 metrology certification of China 的缩写。其图案为 Ⓜ。

2. 许可证编号式样

（××××）A 制字第×××××××号

"（××××）"为发证年份，如 1999 年发证即填写为"1999"；"A"表示国家或省、自治区、直辖市，如"国家"以"国"表示、"福建省"以简称"闽"表示；编号中 1～4 位填写国家标准 GB/T 2260—1995 规定的地、市、县行政区代码，5～8 位填写制造计量器具许可证的顺序号。

未取得制造计量器具许可证的产品不得使用上述标志和编号。许可证标志和编号一律不得转让。

习　题

一、选择题

1. 计量器具性能方面的特性包括（　　）。

A. 稳定性　　　B. 重复性　　　C. 灵敏度

2. 计量器具许可证标志为（　　）。

A. CMC　　　B. HMC　　　C. NMC

3. 误差依据的标准是（　　）。

A. 测量结果　　　B. 真实值　　　C. 测量的平均值

二、判断题

1. 仪器工作范围、工作条件、响应值、准确度和性能是仪器主要性能指标。（　　）

2. 计量仪器应贴有计量器具许可证标志及编号。（　　）

3. 计量仪器的确定是可以由企业、事业单位自己决定的。（　　）

4. 国家计量标准是指经国家决定承认的计量标准，在一个国家内作为对有关量的其他测量标准定值的依据。（　　）

5. 灵敏度是指测量仪器的响应变化除以对应的激励变化。（　　）

6. 温度计、砝码和电压表是测量仪器。（　　）

三、简答题

1. 什么叫标准物质？

2. 什么叫灵敏度？

3. 什么叫准确度？

4. 计量器具管理内容有哪些？

第三章 计量标准与检定

学习目标

1. 熟悉计量标准的基本知识。

2. 了解计量检定的基本术语、分类、检定系统、检定规程和实施过程。熟悉计量检定的法制管理。

3. 了解量值溯源的定义和量值传递方式。

在《中华人民共和国计量法实施细则》第七条中明确规定计量标准器具的使用，必须具备下列条件：经计量检定合格；具有正常工作所需要的环境条件；具有称职的保存、维护、使用人员；具有完善的管理制度。为此，国家质量技术监督局根据《中华人民共和国计量法》中有关条款，于 1987 年、1992 年分别制定了《计量标准考核办法》和 JJF 1033—1992《计量标准考核规范（试行）》，作为统一我国建立计量标准考核的要求和内容。其中 JJF 1033—1992《计量标准考核规范（试行）》在 2001 年经修订颁布为 JJF 1033—2001《计量标准考核规范》，并于 2001 年 6 月 1 日在全国范围内施行。

第一节 计量标准

一、计量标准的命名和类型

我国各种类型的计量标准应按 JJF 1022—1991《计量标准命名（试行）》来统一、规范其命名。

根据该规范，计量标准统一规范为两种基本类型：其一，计量标准装置；其二，计量标准器（或计量标准器组）。

计量标准的类型主要有：社会公用计量标准、部门计量标准、企事业单位的计量标准。

社会公用计量标准是指县级以上地方人民政府计量行政部门的组织建立的，作为统一本地区量值的依据，并对社会实施计量监督具有公证作用的各项计量标准。

部门的各项计量标准是指省级以上人民政府有关主管部门，根据本部门的专业特点或生产上使用的特殊情况建立，在部门内部开展计量检定，作为统一本部门量值的依据的各项计量标准。

企事业单位的计量标准是指企业、事业单位根据生产、科研和经营管理的需要建立的，在本单位开展计量检定，作为统一本单位量值的依据的各项计量标准。

二、计量标准考核

计量标准的考核是对其用于开展计量检定，进行量值传递的资格的计量认证。即计量标准的考核不仅仅是对计量器具检定合格的考核，而是对计量标准器及配套设备、操作人员、环境条件和管理制度等四个方面综合考核认证的总称。它是对计量标准考核批准的量值传递范围的资格认定，因此，计量标准考核是对计量标准进行行政批准建立或法制授权的前提依据。只有经考核合格后，获得《计量标准考核证书》，才具有相应的法律地位。

计量标准考核程序：申请→申请资料审查→考核的组织→现场考核或函审考核→审批。

三、计量标准的日常管理

建立计量标准的企事业单位须重视计量标准日常管理工作，应建立日常维护管理制度。日常管理制度应包括如下内容。

① 计量标准器及主要配套设备是否增加或更换，是否按周期检定等。

② 计量检定人员是否变化。

③ 计量检定规程是否变化。

④ 计量标准是否有效期满，是否提出复查等申请。

⑤ 计量标准器及主要配套设备的检定证书是否有效期满等。

将变化的情况填入《计量标准履历书》。对计量标准器在两次周期检定之间进行运行检查、参加量值比对、计量标准稳定度试验、计量标准测量重复性试验等相关材料进行记录和整理，对整个计量标准档案进行归案管理。

《计量标准考核证书》有效期满前 6 个月，建标单位应当向主持考核的计量行政部门申请计量标准复查。超过《计量标准考核证书》有效期仍需继续开展量值传递工作的，应按新建计量标准申请考核。

申请计量标准的复查考核合格，由主持考核的计量行政部门确定延长《计量标准考核证书》的有效期限（一般为三年）。

复查不合格，由主持考核的计量行政部门通知被复查的单位，办理撤销该计量标准的有关手续。

第二节　计 量 检 定

计量检定是一项法制性很强的工作。它是统一量值，确保计量器具准确一致的重要措施；是进行量值传递或量值溯源的重要形式；是为国民经济建设提供计量保证的重要条件；是对计量实行国家监督的手段。它是计量学的一项最重要的实际应用，也是计量部门一项最基本的任务。

一、计量检定的术语和分类

1. 计量检定的术语

（1）计量检定的定义　计量检定是指评定计量器具的计量特性，确定其是否符合法定要求所进行的全部工作。

检定是由计量检定人员利用计量标准，按照法定的计量检定规程要求，包括外观检查在内，对新制造的、使用中的和修理后的计量器具进行一系列的具体检验活动，以确定计量器具的准确度、稳定度、灵敏度等是否符合规定，是否可供使用，计量检定必须出具证书或加盖印记，及封印等，以标志其是否合格。计量检定有以下几个特点。

① 检定对象是计量器具。

② 检定目的是判定计量器具是否符合法定的要求。

③ 检定依据是按法定程序审批发布的计量检定规程。

④ 检定结果是检定必须做出是否合格的结论，并出具证书或加盖印记（合格出具"检定证书"、不合格出具"不合格通知书"）。

⑤ 检定具有法制性，是实施国家对测量业务的一种监督。

⑥ 检定主体是计量检定人员。

（2）计量检定术语　与计量器具的检定类似的计量术语有校准、测试、计量确认等，必须正确理解它们涵义并加以区分。

① 校准是指在规定条件下，为确定测量仪器或测量系统所指示的量值，或实物量具或参考物质所代表的量值，与对应的由标准所复现的量值之间关系的一组操作。校准结果既可赋予被测量以示值，又可确定示值的修正值。校准还可确定其他计量特性，如影响量的作用；校准结果可出具"校准证书"或"校准报告"。

从该定义中可看出，校准与检定一样，均属于量值溯源的一种有效合理的方法和手段，目的都是实现量值的溯源性，但二者有如下区别。

a. 检定是对计量器具的计量特性进行全面的评定；而校准主要是确定其量值。

b. 检定要对该计量器具做出合格与否的结论，具有法制性；而校准并不判断计量器具的合格与否，无法制性。

c. 检定应发检定证书、加盖检定印记或不合格通知书，作为计量器具进行检定的法定依据；而校准是发给校准证书或校准报告，只是一种无法律效力的技术文件。

② 测试是指具有试验性质的测量。一般认为，计量器具示值的检定或校准，有规范性的技术文件可依，可以通称为测量或计量，而除此以外的测量，尤其是对不属于计量器具的设备、零部件、元器件的参数或特性值的确定，其方法具有试验性质，一般就称为测试。

③ 计量确认是指为确保测量设备处于满足预期使用要求的状态所需的一组操作。计量确认一般包括校准或检定，各种必要的调整或修理及随后的再校准，与设备预期使用的计量要求相比较以及所要求的封印和标签。只有测量设备已被证实适合于预期使用并形成文件，计量确认才算完成。预期使用要求包括：量值、分辨率、最大允许误差等。

从定义中可以看出，计量确认概念完全不同于传统的"检定"或"校准"，它除了校准含义外，还增加调整或修理、封印和标签等。

2. 计量检定的分类

计量检定是一项法制性、科学性很强的技术工作。根据检定的必要程序和我国对依法管理的形式，可将检定分为强制检定和非强制检定。按管理环节分为：出厂检定、进口检定、验收检定、周期检定、修后检定、仲裁检定等。按检定次序分为：首次检定、随后检定。按检定数量又可分为：全量检定、抽样检定。

（1）强制检定　强制检定是指由政府计量行政主管部门所属的法定计量检定机构或授权的计量检定机构，对社会公用计量标准器具、部门和企事业单位的最高计量标准器具，用于贸易结算、安全防护、医疗卫生、环境监测方面列入国家强制检定目录的工作计量器具，实行定点定期检定。其特点是由政府计量行政部门统管，指定法定的或授权的技术机构具体执行；固定检定关系、定点送检；检定周期由执行强制检定的技术机构按照计量检定规程来确定。

强检标志：Ⓒ Ⓥ（Compulsory Verification of China）计量法对强制检定的规定，不允许任何人以任何方式加以变更和违反，当事人和单位没有任何选择和考虑的余地。

（2）非强制检定　非强制检定是指由计量器具使用单位自己或委托具有社会公用计量标准或授权的计量检定机构，依法进行的一种检定。

强制检定与非强制检定均属于法制检定，是对计量器具依法管理的两种形式，都要受法律的约束。不按规定进行周期检定的，都要负法律责任。

二、计量检定法制管理

1. 计量器具依法管理

我国计量立法的基本原则之一是"统一立法、区别对待"。这一原则体现在计量检定管理上，就是要从我国的具体国情出发，根据各种计量器具的不同用途以及可能对社会产生的影响程度，加以区别对待，采取不同的法制管理形式，即强制检定和非强制检定。

（1）强制检定

① 强制检定由政府计量行政部门强制实行。任何使用强制检定的计量器具的单位或者个人，都必须按照规定申请检定。不按照规定申请检定或者经检定不合格继续使用的，由政府计量行政部门依法追究法律责任，给以行政处罚。

② 强制检定的检定执行机构由政府计量行政部门指定。被指定单位可以是法定计量检定机构，也可以是政府计量行政部门授权的其他计量检定机构。

③ 强制检定的检定周期，由检定执行机构根据计量检定规程，结合实际使用情况确定。

④ 对强制检定范围内的计量器具实行定点定周期检定。

（2）非强制检定　非强制检定是由使用单位对强制检定范围以外的其他依法管理的计量器具自行进行的定期检定。

（3）非强制检定与强制检定的主要区别

① 强制检定由政府计量行政部门实施监督管理；而非强制检定则由使用单位自行依法管理，政府计量行政部门只侧重于对其依法管理的情况进行监督检查。

② 强制检定的检定执行机构由政府计量行政部门指定，使用单位没有选择的余地；而非强制检定由使用单位自己执行，本单位不能检定的，可以自主决定委托包括法定计量检定机构在内的任何有权对外开展量值传递工作的计量检定机构检定。

③ 强制检定的检定周期由检定执行机构规定；而非强制检定的检定周期则在检定规程允许的前提下，由使用单位自己根据实际需要确定。

2. 强制检定与非强制检定计量器具的范围

（1）强制检定的计量器具的范围　根据《中华人民共和国计量法》第九条第一款、《中华人民共和国强制检定的工作计量器具检定管理办法》和《中华人民共和国强制检定工作计量器具明细目录》（以下简称《目录》），我国实行强制检定的计量器具的范围如下。

① 社会公用计量标准器具。

② 部门和企业、事业单位使用的最高计量标准器具。

③ 用于贸易结算、安全防护、医疗卫生、环境监测等四个方面，并列入《目录》的工作计量器具，共计 55 项 111 种。

④ 用于行政执法监督用的工作计量器具。

⑤ 随着国民经济和科学技术的发展，国家明文公布的工作计量器具，如电话计费器、棉花水分测量仪、验光仪、验光镜片组、微波辐射与泄漏测量仪等。

贸易结算方面强制检定的工作计量器具，是指在国内外贸易活动中或者单位与单位、单位与个人之间直接用于经济结算、并列入《目录》的计量器具。安全防护方面强制检定的工作计量器具，是指为保护人民的健康与安全，防止伤亡事故和职业病的危害，在改善工作条件、消除不安全因素等方面直接用于防护监测，并列入《目录》计量器具。医疗卫生方面强制检定的工作计量器具，是指为保障人民身体健康，在疾病的预防、诊断、治疗以及药剂配方等方面使用，并且列入《目录》的计量器具。环境监测方面强制检定的工作计量器具，是指为保护和改善人民的生活、工作环境和自然环境，在环境质量因素的分析测定中使用，并且列入《目录》的计量器具。

国家公布的强制检定的工作计量器具目录，是从全国的实际出发并考虑社会的发展制定的。各省、自治区、直辖市政府计量行政部门可以根据当地的具体情况，视其使用情况和发展趋势，制定实施计划，积极创造条件，逐步地对其实行管理。

（2）非强制检定的计量器具的范围　1987 年 7 月 10 日，原国家计量局发布了《中华人民共和国依法管理的计量器具目录》，该目录是根据计量法和调整范围制定的依法管理的计量器具的范围。其中所列各种计量标准和工作计量器具，包括专用计量器具，除了强制检定的以外，其他的均为非强制检定的计量器具。换句话说，就是凡是列入该目录的计量器具，从用途方面考虑，只要不是作为社会公用计量标准、部门和企事业单位的最高计量标准以及用于贸易结算、安全防护、医疗卫生、环境监测四个方面，虽列入强制检定目录，但属于非强制检定的范围。

3. 强制检定的实施

强制检定的实施可分为监督管理和执行检定两个方面，监督管理，按照行政区划由县级以上政府计量部门在各自的权限范围内分级负责；检定任务，采取统一规划、合理分工、分层次覆盖的办法，分别由各级法定计量检定机构和政府计量部门授权的其他检定机构承担。

各级政府计量行政部门在组织落实检定机构时应当遵循的基本原则是"经济合理、就地就近"既要充分发挥各级法定计量检定机构的技术主体作用，保证检定和执法监督工作的顺利进行；同时也要调动其他部门和企业、事业单位的积极性，打破行政区划和部门管辖的限制，充分利用各方面现有的计量技术条件，创造就地就近检定的条件，方便生产和使用。

4. 非强制检定管理的基本要求

非强制检定的计量器具是企业事业单位自行依法管理的计量器具。根据计量法律、法规的规定，加强对这一部分计量器具的管理，做好定期检定（周期检定）工作，确保其量值准确可靠，是企事业单位计量工作的主要任务之一，也是计量法制管理的基本要求。为此，各企事业单位应当做好以下基础工作。

① 明确本单位负责计量工作的职能机构，配备相适应的专（兼）职计量管理人员。

② 规定本单位管理的计量器具明细目录，建立在用计量器具的管理台账，制定具体的检定实施办法和管理规章制度。

③ 根据生产、科研和经营管理的需要，配备相应的计量标准、检测设施和检定人员。

④ 根据计量检定规程，结合实际使用情况，合理安排好每种计量器具的检定周期。

⑤ 对由本单位自行检定的计量器具，要制定周期检定计划，按时进行检定；对本单位不能检定的计量器具，要落实送检单位，按时送检或申请来现场检定，杜绝任何未经检定的、经检定不合格的或者超过检定周期的计量器具流入工作岗位。

三、国家计量检定系统

国家计量检定系统是国家检定系统表的简称。过去曾称为量传系统，在国际上则称为计量器具等级图。它是国家统一量值的一个总体设计，是国务院计量行政部门统一组织制定颁布的有关检定程序的法定技术文件。我国《计量法》规定，计量检定必须按照国家计量检定系统表进行，明确了其法律地位。检定系统框图格式如图 3-1 所示。

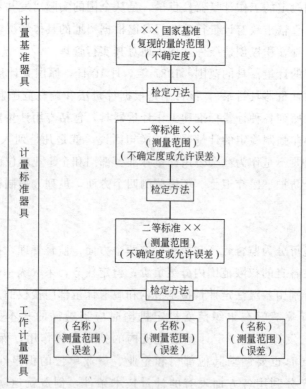

图 3-1　计量器具检定系统框图

制定检定系统的根本目的是为保证工作计量器具具备应有的准确度。在此基础上，考虑到我国国情，量值传递应符合经济合理、科学实用的原则，它既能为各级计量部门在设置机构、设备和人员配备等方面提供依据，也能为研制标准和精密仪器、生产规划和计划提供指导。而且可以指导企、事业单位编制科学合理的检定系统并安排好周期检定。编制好计量检定系统，可用最少的人力、物力，实行全国量值的统一，发挥最大经济效益和社会效益。

四、计量检定规程

计量检定规程属于计量技术法规。它是计量监督人员对计量器具实施监督管理、计量检定人员执行计量检定的重要法定技术检测依据，是计量器具检定时必须遵守的法定文件，所以，《中华人民共和国计量法》中第十条作了明确规定："……计量检定必须执行计量检定规程……"

计量检定规程是指评定计量器具的计量特性，由国务院计量行政部门组织、制定并批准颁布，在全国范围内施行，作为确定计量器具法定地位的技术文件。其内容包括计量要求、技术要求和管理要求，即适用范围、计量器具的计量特性、检定项目、检定条件、检定方法、检定周期以及检定结果的处理和附录等。

计量检定规程的主要作用在于统一检定方法，确保计量器具量值的准确一致。它是协调生产需要、计量基准（标准）的建立和计量检定系统三者之间关系的纽带。这是计量检定规程独具的特性。从某种意义上说，计量检定规程是具体体现计量定义的具体保证，不仅具有法制性，而且具有科学性。因此，我国在 1998 年修订通过了 JJF 1002—1998《国家计量检定规程编写规则》，作为统一全国编写计量检定规程的通则。

部门、地方计量检定规程是在无国家检定规程时，为评定计量器具的计量特性，由国务院有关主管部门或省、自治区、直辖市计量行政主管部门组织制定并批准颁布，在本部门、本地区施行，作为检定依据的法定技术文件。部门、地方计量检定规程如经国家计量行政主管部门审核批准，也可以推荐在全国范围内使用。当国家计量检定规程正式发布后，相应的部门和地方检定规程应即行废止。

五、计量检定的其他内容

1. 检定人员

计量检定的主体，在计量检定中发挥着重要的作用。为了对计量检定人员纳入正常管理，1987 年 7 月 10 日由国家计量局发布了《计量检定人员管理办法》，作为我国从事计量检定的检定人员的管理依据。

国家法定计量检定机构的计量检定人员必须经县级以上人民政府计量行政部门考核合格，并取得计量检定证件，方可从事计量检定。被授权单位执行强制检定和法律规定的其他检定、测试任务的计量检定人员，授权单位组织考核；根据特殊需要，也可在授权单位监督下，委托有关主管部门组织考核。无主管单位由政府计量行政部门考核。

2. 计量标准管理

要严格执行建立计量标准中规定的现行有效的计量检定规程的规定，选取计量标准主标准器及主要配套设备。一般选取计量标准器具设备的综合误差（测量不确定度）为被检计量器具允许误差的 1/10～1/3。

计量标准主标准器及主要配套设备均要经有关法定计量检定机构或授权检定机构检测合格，即不得超期使用或不送检。使用过程中，有条件的必须做好"检查"，以确保量值准确可靠一致。计量标准主标准器及主要配套设备经检定或自检合格，分别贴上彩色标志。如，合格证（绿色）、准用证（黄色）和停用证（红色）。

3. 检定环境条件

计量检定环境条件应符合现行有效的计量检定规程或技术规范中的要求。也就是按《计量标准考核办法》（1987年7月10日国家计量局发布）中"考核内容和要求"的规定，应该"具有计量标准正常工作所需要的温度、湿度、防尘、防震、防腐蚀、抗干扰等环境条件。"不仅要有正常工作的环境条件和工作场所，还必须符合建立标准中配备的检定规程要求。

4. 检定原始记录

检定原始记录是对检测结果提供客观依据的文件，作为检定过程及检定结果的原始凭证，也是编制证书或报告并在必要时再现检定的重要依据。因此，计量检定人员要在检定过程中如实地记录检定时所测量的实际数据。

检定原始记录由检定人员按一定数量或一定时间，汇集分别装订后，分类管理，由计量管理人员统一保管。计量检定原始记录应保存不少于三个检定周期，即符合《计量标准证书》中有效期内要求，以便用户查询及计量标准复查过程提供必要的检定原始记录。

5. 计量检定印、证

计量检定印、证按《计量检定印、证管理办法》（1987年7月10日国家计量局发布）中有关规定执行。计量器具经检定机构检定后出具的检定印、证，是评定计量器具的性能和质量是否符合法定要求的技术判断和结论，是计量器具能否出厂、销售、投入使用的凭证。

计量检定印、证的种类：检定证书；不合格通知书；检定印记；检定合格证和注销印。

6. 计量检定周期的确定和调整

为了保证计量器具的量值准确可靠，必须按国家计量检定系统表和计量检定规程，对计量器具进行周期检定。

在计量器具检定规程中，一般对需要进行周期检定的计量器具都规定了检定周期。对于不需进行周期检定的计量器具，如体温计、钢直尺等可以在使用前进行一次性检定。

经检定不合格（含超期未检）的计量器具，任何单位或者个人不得使用。

第三节　量值溯源

一、量值传递与量值溯源的定义

量值传递是指通过对计量器具的检定或校准，将国家基准所复现的计量单位量值通过各等级计量标准传递到工作计量器具，以保证对被测对象量值的准确一致。

量值溯源是指通过一条具有规定不确定度的不间断的比较链，使测量结果或测量标准的值能够与规定的参考标准，通常是与国家计量标准或国际计量标准联系起来的特性。量值实现这样的过程，即具有溯源性。

量值溯源与量值传递，从技术上说是一件事情，两种说法。过去我们建立标准时常说："建立起来，传递下去。"这是计量部门主动做的事情。现在国际上要求各生产厂的量值都要有溯源性，这是要求生产厂主动将自己的测量结果与相关的国家标准或国际标准联系起来。其目的都是一样。

近年来，各发达国家为了保证量值的溯源，保证量值的统一，对负责校准的实验室开展了认可。获得认可的实验室，不仅对其用于校准的标准，校准的方法及影响标准的各项因素进行了考核，而且有较完整的质量保证体系。因此，由经过认可的实验室对标准进行校准，能获得可靠的溯源性。我国的社会公用计量标准的考核，类似上述的实验室认可。在我国由法定计量技术机构或经计量行政部门授权的技术机构，对其测量仪器进行检定，也就保证了其溯源性。我国的计量法规定要对企事业单位的最高标准进行考核。这是我国保证获得溯源性的一种有效措施。

量值传递是按照计量检定系统将计量基准所复现的量值科学、合理、经济、有效地逐级传递下去，以确保全国的计量器具的量值，在一定允差范围内有可比性，准确一致。量值溯源是通过不间断的比较链，使测量结果能够与国家或国际的标准联系起来。因此，量值传递与量值溯源，本质上没有多大差别。

二、量值传递的基本方式

目前，实现量值传递（或溯源）的方式有以下 10 种。

① 用实物计量标准进行检定或校准。

② 发放标准物质。

③ 发播标准信号。

④ 发布标准（参考）数据。

⑤ 计量保证方案（MAP）。

⑥ 统一标准方法（参考测量方法或仲裁测量方法）。

⑦ 比率或互易测量。

⑧ 实验室之间比对或验证测试。

⑨ 按国际承认的有关专业标准溯源。

⑩ 按双方同意的互认标准溯源。

其中，用实物计量标准进行检定或校准，是一种传统的量值传递（或溯源）的基本方式，即送检单位将需要检定或校准的计量器具送到建有高一等级实物计量标准的计量技术机构去检定或校准，或者由负责检定或校准的单位派人员将可搬运的实物计量标准带到被检单位进行现场或巡回的检定或校准。对于多数易于搬运的计量器具来说，这种按照检定系统表用实物计量标准进行检定或校准的方式，由于规定具体，易于操作，简单易行，尽管还存在某些弊端，但仍然是目前最主要的应用最广泛的量值溯源方式。

习　　题

一、选择题

1. 检定要对该计量器具做出合格与否的结论，具有（　　）。

A. 法制性　　　　　　B. 不具有法制性

2. 计量标准主标准器及主要配套设备经检定或自检合格，应贴上的彩色标志是（　　）。

A. 黄色　　　　　　B. 绿色　　　　　　C. 红色

二、判断题

1. 计量标准的类型主要有：社会公用计量标准、部门计量标准、企事业单位的计量标准。（　　）

2. 制定检定系统的根本目的是为保证工作计量器具具备应有的准确度。（　　）

3. 计量检定规程的主要作用在于统一检定方法，确保计量器具量值的准确一致。（　　）

4. 为了保证计量器具的量值准确可靠，必须按国家计量检定系统表和计量检定规程，对计量器具进行周期检定。（　　）

三、简答题

1. 什么叫计量器具的检定？

2. 计量检定有哪些特点？

3. 什么叫量值传递和量值溯源？

第四章　法定计量单位的使用

学习目标

1. 掌握量和单位的基本知识。
2. 掌握中华人民共和国法定计量单位的组成。
3. 掌握法定计量单位的正常使用规则。
4. 了解计量单位换算知识，熟悉单位换算中确定有效位数的方法。
5. 熟悉化学检验中常用物理量，掌握化学检验中使用的化学量和单位。

第一节　法定计量单位的组成

一、概述

《中华人民共和国计量法》中第三条规定："国际单位制计量单位和我国选定的其他计量单位，为国家法定计量单位。"1984 年 2 月 27 日国务院颁布的《中华人民共和国法定计量单位》，以及国家标准局 1986 年 5 月 19 日发布的中华人民共和国国家标准 GB 3100～3102—86《量和单位》中规定使用的计量单位，而新的修订本 GB 3100～3102—93 国家技术监督局 1993 年 12 月 27 日批准，1994 年 7 月 1 日实施，它是我国现行的法定计量单位。法定计量单位等效采用国际标准 ISO 1000：1992《SI 单位及其倍数单位和一些其他单位的应用推荐》，参照采用国际计量局《国际单位制（SI）》（1991 年第 6 版）制订。法定计量单位系统完整、结构简单、科学性强、使用方便、易于推广。

法定计量单位简称为法定单位。实行法定单位，对我国国民经济和文化教育事业的发展，推动科学技术的进步和扩大国际交流有重要意义。

二、中华人民共和国法定计量单位

1. 国际单位制的构成

国际单位制（国际简称为 SI），是在 1960 年第 11 届国际计量大会上通过的。

国际单位制的构成：

国际单位制（SI）
- SI 单位
  - SI 基本单位（见表 4-1）
  - SI 导出单位
    - 包括 SI 辅助单位在内的具有专门名称的 SI 导出单位（见表 4-2、表 4-3）
    - 组合形成的 SI 导出单位
- SI 单位的倍数单位

（1）SI 基本单位国际单位制（SI）以基本单位为基础。SI 基本单位如表 4-1 所示。

表 4-1　SI 基本单位

量 的 名 称	单 位 名 称	单 位 符 号	量 的 名 称	单 位 名 称	单 位 符 号
长度	米	m	热力学温度	开[尔文]	K
质量	千克(公斤)	kg	物质的量	摩[尔]	mol
时间	秒	s	发光强度	坎[德拉]	cd
电流	安[培]	A			

注：1. 表中圆括号中的名称，是它前面的名称的另一种称谓。

2. 表中方括号中的字，在不致引起混淆、误解的情况下，可以省略。去掉方括号中的字即为其名称的简称。

3. 质量在社会生活及贸易中习惯称为重量。

（2）SI 导出单位　SI 导出单位是用基本单位以代数形式表示的单位。这些单位符号中的乘和除采用数学符号。例如，速度的 SI 制单位为米每秒（m/s）。属于这种形式的单位称为组合单位。

某些 SI 导出单位其具有国际计量大会通过的专门名称和符号，见表 4-2 和表 4-3。使用这些专门名称并用它们表示其他导出单位，往往更为方便、准确。如热和能量的单位通常用焦耳（J）代替牛顿·米（N·m）。

表 4-2　包括 SI 辅助单位在内的具有专门名称的 SI 导出单位

量 的 名 称	SI 导 出 单 位		
	名　称	符　号	用 SI 基本单位和 SI 导出单位表示
[平面]角	弧度	rad	$1rad=1m/m=1$
立体角	球面度	sr	$1sr=1m^2/m^2=1$
频率	赫[兹]	Hz	$1Hz=1s^{-1}$
力	牛[顿]	N	$1N=1kg\cdot m/s^2$
压力,压强,应力	帕[斯卡]	Pa	$1Pa=1N/m^2$
能[量],功,热量	焦[耳]	J	$1J=1N\cdot m$
功率,辐[射能]通量	瓦[特]	W	$1W=1J/s$
电荷[量]	库[仑]	C	$1C=1A\cdot s$
电压,电动势,电位,(电势)	伏[特]	V	$1V=1W/A$
电容	法[拉]	F	$1F=1C/V$
电阻	欧[姆]	Ω	$1\Omega=1V/A$
电导	西[门子]	S	$1S=1\Omega^{-1}$
磁通[量]	韦[伯]	Wb	$1Wb=1V\cdot s$
磁通[量]密度,磁感应强度	特[斯拉]	T	$1T=1Wb/m^2$
电感	亨[利]	H	$1H=1Wb/A$
摄氏温度	摄氏度	℃	$1℃=1K$
光通量	流[明]	lm	$1lm=1cd\cdot sr$
[光]照度	勒[克斯]	lx	$1lx=1lm/m^2$

表 4-3　由于人类健康安全防护上的需要而确定的具有专门名称的 SI 导出单位

量 的 名 称	SI 导 出 单 位		
	名　称	符　号	用 SI 基本单位和 SI 导出单位表示
[放射性]活度	贝可[勒尔]	Bq	$1Bq=1s^{-1}$
吸收剂量 比授[予]能 比释动能	戈[瑞]	Gy	$1Gy=1J/kg$
剂量当量	希[沃特]	Sv	$1Sv=1J/kg$

（3）SI 单位的倍数单位 表 4-4 给出了 SI 词头的名称，简称及符号（词头的简称为词头的中文符号）。词头用于构成倍数单位（十进倍数单位与分数单位），但不得单独使用。

表 4-4 SI 词头

因 数	词 头 名 称		符 号
	英 文	中 文	
10^{24}	yotta	尧[它]	Y
10^{21}	zetta	泽[它]	Z
10^{18}	exa	艾[可萨]	E
10^{15}	peta	拍[它]	P
10^{12}	tera	太[拉]	T
10^{9}	giga	吉[咖]	G
10^{6}	mega	兆	M
10^{3}	kilo	千	k
10^{2}	hecto	百	h
10^{1}	deca	十	da
10^{-1}	deci	分	d
10^{-2}	centi	厘	c
10^{-3}	milli	毫	m
10^{-6}	micro	微	μ
10^{-9}	nano	纳[诺]	n
10^{-12}	pico	皮[可]	p
10^{-15}	femto	飞[母托]	f
10^{-18}	atto	阿[托]	a
10^{-21}	zepto	仄[普托]	z
10^{-24}	yocto	幺[科托]	y

2. 中华人民共和国的法定计量单位

除了全部国际单位制的单位外，在我国法定计量单位中还包括表 4-5 中给出的 SI 制外单位，其构成如下：

$$
\text{我国法定计量单位}\begin{cases} \text{SI 单位}\begin{cases}\text{SI 基本单位（见表 4-1）}\\ \text{SI 导出单位（见表 4-2、表 4-3）}\end{cases}\\ \text{国家选定的 SI 制外单位（见表 4-5）}\\ \text{由以上单位构成的组合形式单位}\\ \text{由以上单位加 SI 词头构成的倍数和分数单位}\end{cases}
$$

表 4-5 可与国际单位制单位并用的我国法定计量单位

量 的 名 称	单 位 名 称	单 位 符 号	与 SI 单位的关系
时间	分	min	1min＝60s
	[小]时	h	1h＝60min＝3600s
	日，(天)	d	1d＝24h＝86400s

量的名称	单位名称	单位符号	与SI单位的关系
[平面]角	度	°	$1° = (\pi/180)\,rad$
	[角]分	′	$1' = (1/60)° = (\pi/10800)\,rad$
	(角)秒	″	$1'' = (1/60)' = (\pi/648000)\,rad$
体积	升	L(l)	$1L = 1dm^3 = 10^{-3}\,m^3$
质量	吨 原子质量单位	t u	$1t = 10^3\,kg$ $1u \approx 1.660540 \times 10^{-27}\,kg$
旋转速度	转每分	r/min	$1r/min = (1/60)\,s^{-1}$
长度	海里	n mile	$1n\ mile = 1.852m$（只用于航行）
速度	节	kn	$1kn = 1n\ mile/h = (1852/3600)\,m/s$（只用于航行）
能	电子伏	eV	$1eV \approx 1.602177 \times 10^{-19}\,J$
级差	分贝	dB	
线密度	特[克斯]	tex	$1tex = 10^{-6}\,kg/m$
面积	公顷	hm²	$1hm^2 = 10^4\,m^2$

注：1. 平面角单位度、分、秒的符号，在组合单位中应采用（°）、（′）、（″）的形式。例如，不用°/s而用（°）/s。

2. 升的两个符号属于同等地位，可任意选用。

3. 公顷的国际通用符号为 ha。

三、各法定计量单位的定义

1. 国际单位制基本单位

（1）米（m） 米是光在真空中（1/299792458）s 时间间隔内所经路径的长度。

（2）千克（公斤）（kg） 千克是质量单位，等于国际千克原器的质量。

（3）秒（s） 秒是铯-133 原子基态的两个超精细能级之间跃迁所对应的辐射的 9192631770 个周期的持续时间。

（4）安培（A） 安培是电流的单位。在真空中，截面积可忽略的两根相距 1m 的无限长平行圆直导线内通以等量恒定电流时，若导线间相互作用力在每米长度上为 $2 \times 10^{-7}\,N$，则每根导线中的电流为 1A。

（5）开尔文（K） 热力学温度开尔文是水三相点热力学温度的 1/273.16。

（6）摩尔（mol） 摩尔是一系统的物质的量，该系统中所包含的基本单元数与 0.012kg 碳-12 的原子数目相等。在使用摩尔时，基本单元应予指明，可以是原子、分子、离子、电子及其他粒子，或是这些粒子的特定组合。

（7）坎德拉（cd） 坎德拉是一光源在给定方向上的发光强度，该光源发出频率为 540×10^{12} Hz的单色辐射，且在此方向上的辐射强度为（1/683）W/sr。

2．国际单位制中具有专门名称的导出单位

（1）弧度（rad） 弧度是一圆内两条半径之间的平面角，这两条半径在圆周上所截取的弧长与半径相等。弧度与基本单位的关系式为：

$$1\text{rad} = \frac{1\text{m}}{1\text{m}}$$

（2）球面度（sr） 球面度是一立体角，其顶点位于球心，而它在球面上所截取的面积等于以球半径为边长的正方形面积。球面度与基本单位的关系式为：

$$1\text{sr} = \frac{1\text{m}^2}{1\text{m}^2}$$

（3）赫兹（Hz） 赫兹是周期为1秒的周期现象的频率。

$$1\text{Hz} = 1\text{s}^{-1}$$

（4）牛顿（N） 牛顿是加在质量为1千克的物体上使之产生1米每二次方秒加速度的力为1牛顿。

$$1\text{N} = 1\text{kg} \cdot \text{m/s}^2$$

（5）帕斯卡（Pa） 帕斯卡是1牛顿的力均匀而垂直地作用在1平方米的面上所产生的压力。

$$1\text{Pa} = 1\text{N/m}^2$$

（6）焦耳（J） 焦耳是1牛顿的力使其作用点在力的方向上位移1米所做的功。

$$1\text{J} = 1\text{N} \cdot \text{m}$$

（7）瓦特（W） 瓦特是1秒内产生1焦耳能量的功率。

$$1\text{W} = 1\text{J/s}$$

（8）库仑（C） 库仑是1安培电流在1秒内所传送的电荷量。

$$1\text{C} = 1\text{A} \cdot \text{s}$$

（9）伏特（V） 伏特是两点间的电位差，在载有1安培恒定电流导线的这两点间消耗1瓦特的功率。

$$1\text{V} = 1\text{W/A}$$

（10）法拉（F） 法拉是电容器的电容，当该电容器充以1库仑电荷量时，电容器两极板间产生 1 伏特的电位差。

$$1F＝1C/V$$

（11）欧姆（Ω）　欧姆是一导体两点间的电阻，当在此两点间加上 1 伏特恒定电压时，在导体内产生 2 安培的电流。

$$1Ω＝1V/A$$

（12）西门子（S）　西门子是 1 欧姆的电导。

$$1S＝1Ω^{-1}$$

（13）韦伯（Wb）　韦伯是单匝环路的磁通量，当它在 1 秒内均匀地减小到零时，环路内产生 1 伏特的电动势。

$$1Wb＝1V \cdot s$$

（14）特斯拉（T）　特斯拉是 1 韦伯的磁通量均匀而垂直地通过 1 平方米面积的磁通量密度。

$$1T＝1Wb/m^2$$

（15）亨利（H）　亨利是一闭合回路的电感，当此回路中流过的电流以 1 安培每秒的速率均匀变化时，回路中产生 1 伏特的电动势。

$$1H＝1V \cdot s/A$$

（16）摄氏度（℃）　摄氏度是用以代替开尔文表示摄氏温度的专门名称。

（17）流明（lm）　流明是发光强度为 1 坎德拉的均匀点光源在球面度立体角内发射的光通量。

$$1lm＝1cd \cdot sr$$

（18）勒克斯（lx）　勒克斯是 1 流明的光通量均匀分布在 1 平方米表面上产生的光照度。

$$1lx＝1lm/m^2$$

（19）贝可勒尔（Bq）　贝可勒尔是每秒发生一次衰变的放射性活度。

$$1Bq＝1s^{-1}$$

（20）戈瑞（Gy）　戈瑞是 1 焦耳每千克的吸收剂量。

$$1Gy＝1J/kg$$

（21）希沃特（Sv）　希沃特是 1 焦耳每千克的剂量当量。

$$1Sv=1J/kg$$

3. 我国选定的非国际单位制单位

（1）分（min） 分是 60 秒的时间。

$$1min=60s$$

（2）小时（h）

$$1h=60min=3600s$$

（3）天（日）（d） 天是 24 小时的时间。

$$1d=24h=86400s$$

（4）度是（°） 度是 π/180 弧度的平面角。

$$1°=（\pi/180）rad$$

（5）［角］分（'） ［角］分是 1/60 度的平面角。

$$1'=（1/60）°=（\pi/10800）rad$$

（6）［角］秒（″） ［角］秒是 1/60 ［角］分的平面角。

$$1''=（1/60）'=（\pi/648000）rad$$

（7）升［L,（l）］ 升是 1 立方分米的体积。

$$1L=1dm^3=10^{-3}m^3$$

（8）吨（t）

$$1t=1000kg$$

（9）原子质量单位（u） 原子质量单位等于一个碳-12 核素原子质量的 1/12。

$$1u\approx1.660540\times10^{-27}kg$$

（10）转每分（r/min） 转每分是 1 分的时间内旋转一周的转速。

$$1r/min=（1/60）s^{-1}$$

（11）海里（n mile） 海里是 1852 米的长度。

$$1n\ mile=1852m$$

（12）节（kn） 节是 1 海里每小时的速度。

$$1kn=1n\ mile/h=（1852/3600）m/s$$

（13）电子伏（eV） 电子伏是一个电子在真空中通过 1 伏特电位差所获得的动能。

$$1\mathrm{eV}\approx1.602177\times10^{-19}\mathrm{J}$$

（14）分贝（dB）　分贝是两个同类功率量或可与功率类比的量之比值的常用对数乘以 10 等于 1 时的级差。

（15）特克斯（tex）　特克斯是 1 千米长度上均匀分布 1 克质量。

$$1\mathrm{tex}=10^{-6}\mathrm{kg/m}$$

（16）公顷（hm^2）　公顷是 100m 为边长的正方形面积。

$$1\mathrm{hm}^2=10^4\mathrm{m}^2$$

四、量和单位的基本知识

1. 量

量是现象、物体或物质可定性区别和定量确定的一种属性。

名词"量"可指广义量或特定量，广义量如长度、时间、质量、温度、电阻、物质量浓度等，特定的量如某一根杆的长度，某根导线在电阻等。

可相互比较的量（可比量）称为同种量。当同种量按数量级排列时，是可予辨认的。某些同种量可以组合在一起成为同类量，例如功、热、能、厚度、周长、波长等等。

量的特点可归纳如下。

（1）存在于某一量制之中　没有孤立存在的量，一切量均可以与其他量建立起数学关系。例如体积 V，物质的量 n 和物质的量浓度 c 之间，存在 $c=n/V$ 的关系。

（2）量都是可测的　一切量应可以定量地表达和测出，也就是说，量应可以建立起单位而表达为一个纯数与单位之积。

无量纲量的 SI 单位为"1"。它来源于两个相同单位之比，虽表达为纯数，但也是单位。例如质量分数，体积分数等。

（3）量是不可数的　作为一个量来说可测但不可数。一切可以计数得出的都不能称为物理量或可测量，只能称为计数量，计数量所用的单位不是计量单位而是计数单位，例如，分子数的"个"。

（4）量独立于单位　其大小与单位无关。

因　　　　　　　　　　　　$A=\{A\}\cdot[A]$

或　　　　　　　　　　　　$A/[A]=\{A\}$

式中　A——某一物理量的符号，表示其量值；

　　$[A]$——A 的选取的单位；

　　$\{A\}$——A 在特定单位 $[A]$ 时所具有的数值。

即　　　　　　　　　　量＝数值×单位

或　　　　　　　　　　量/单位＝数值

以上式可知，改变单位只是数值变化，量本身是不变的。例如：

铜的质量浓度 $\rho(\mathrm{Cu})$ 以"mg/L"为单位的数值为 3.5，如以 $\mu\mathrm{g/L}$ 为单位时则应为 3500；由于采用不同单位；其数值从 3.5 变为 3500，但铜的质量浓度 $\rho(\mathrm{Cu})$ 并没有发生变化，即 $\rho(\mathrm{Cu}) = 3.5\mathrm{mg/L} = 3500\mu\mathrm{g/L}$。

2. 量的符号

（1）量符号的规定

① 每一个量都有一个规定的符号。量的符号通常是单个拉丁或希腊字母，无论正文的其他字体如何，量的符号都必须用斜体印刷，符号后不附加圆点（正常语法句子结尾标点符号除外）。

② 量符号不是缩写，不准带省略号。

③ 由于作为符号的字母有限，有的字母可以用来代表两个或更多的量，这可以根据不同学科加以区别。

④ 量的符号可带下标或其他说明性的标志。

例如：n_{B}——B 的物质的量

$M(\mathrm{HCl})$——盐酸的摩尔质量

⑤ 量符号不仅可用于表达式中表示量，而且在不致发生误解的情况下，在叙述性文字中也可以直接用量符号代替它的名称使用。

⑥ 量符号在不致误解时，既可按字母读，也可以按它表示的量来读。

⑦ 量符号既然暗含某一单位，而且可以表示为某个数乘单位，因此不能在量符号后再给出单位。例如，不能写成"$l\mathrm{m}$""$t\mathrm{s}$"等。

使用量符号，当然是增添了一些麻烦，但这样表达更准确、科学；各国都在逐步向国际上统一的量符号过渡，这样就会有利于国际交流。

（2）量的符号组合和量的基本运算 如果量的符号组合为乘积，其组合可用下列形式之一表示：

$$a\,b,\ a\,b,\ a\cdot b,\ a\times b$$

如果一个量被另一个量除，可用下列形式之一表示：

$\dfrac{a}{b}$，a/b 或写作 a 和 b^{-1} 之积，如 $a\cdot b^{-1}$

此方法可以推广于分子或分母或两者本身都是乘积或商的情况。但在这样的组合中，除加括号以避免混淆外，在同一行内表示除外斜线（/）之后不得有乘号和除号。

例如：

$$\frac{a\,b}{c} = a\,b/c = a\,b\,c^{-1}$$

$$\frac{a/b}{c} = (a/b)/c = a\,b^{-1}c^{-1}，但不得写成 a/b/c$$

然而 $$\frac{a/b}{c/d} = \frac{a\,d}{b\,c}$$

$$\frac{a}{b\,c}=a/(b\cdot c)=a/b\,c，\text{但不得写成} a/b\cdot c$$

在分子和分母包含相加或相减的情况下，如果已经用圆括号（或方括号、或花括号），则也可以用斜线。

$(a+b)$、$(c+d)$ 意为 $\dfrac{a+b}{c+d}$；括号是必要的。

$a+b/c+d$ 意为 $a+\dfrac{b}{c}+d$；但为了避免发生误解，可写成 $a+(b/c)+d$

括号也可以用于消除由于在数学运算中使用某些标志和符号而造成的混淆。

3. 单位

单位的定义为：用以定量表示同种量量值而约定采用的特定量。而这个特定量具有名称、符号和定义，其数值为 1。有些由其他单位组成的单位，并不一定有个专门的名称。如摩尔质量的单位 kg/mol，其名称为千克每摩尔，而并没有专门的名称。

（1）一贯单位制　单位可以任意选择，但是，如果对每一个量都独立地选择一个单位，则将导致在数值方程中出现附加的数字因数。

不过可选择一种单位制，使包含数字因数的数值方程式同相应的量方程式有完全相同的形式，这样在实用中比较方便。对有关量制及其方程式而言，按此原则构成的单位制称为一贯单位制，简称为一贯制。在一贯制的单位方程中，数字因数只能是 1，SI 就是这种单位制。

对于特定的量制和方程系，获得一贯单位制，应首先为基本量定义式为每一个导出量定义相应的导出单位。该代数表示式，由量的量纲积以基本单位的符号替换基本量的符号得到。量纲一的量得到单位 1。在这样的一贯单位制中，用基本单位表示的导出单位的式中不会出现非 1 的数字因数。

（2）基本单位　在单位制中所选定的基本量的计量单位。在 SI 中，基本单位为米、千克、秒、安培、开尔文、摩尔和坎德拉。

（3）单位一　任何量纲一的量的 SI 单位都是一，符号是 1。在表示量值时，它们一般并不明确写出。

例如，折射率 $n=1.53\times1=1.53$

单位一不能用符号 1 与词头结合，以构成其十进倍数或分数单位，而是用 10 的幂表示。有时，用百分符号%代替数值 0.01。

例如，质量分数 $w(\mathrm{Fe})=0.2031=20.31\%$

应避免使用‰作为 10^{-3} 的符号。

由于百分和千分是纯数字，质量百分或体积百分的说法在原则上是无意义的。也不能在单位符号上加其他信息，如%（m/m）或%（V/V）。正确的表示方法是质量分数为 0.67 或 67%；体积分数为 0.75 或 75%。

（4）书写单位的要求

① 单位符号一律用正体字母，除来源于人名的单位符号第一字母要大写外，其余均为小写字母（升的符号 L 例外）。

例如，米（m）；秒（s）；安［培］（A）；帕［斯卡］（Pa）

② 单位符号上不能附加表示量的特性和测量过程信息的标志。

例如，$U_{max} = 500V$，不能记作 $U = 500V_{max}$；

$p_{max} = 40kPa$，不能记作 $p = 40kPa_{max}$。

为此，过去习惯使用的某些单位名称和符号都不得再用，如：

酸度值 mgKOH/100mL；

标准立方米　Nm^3。

4. 量值

量值是由数值和计量单位的乘积所表示的量的大小。

$$量值 = 数值 \times 单位$$
$$量/单位 = 数值$$

或

$$A/[A] = \{A\}$$

例如，质量 $m = 5kg$，其数值可写成

$$m/kg = 5$$

$c(HCl) = 5mol/L$，其数值可写为

$$c(HCl)/(mol/L^{-1}) = 5$$

$\rho(Ag) = 3mg/L$，其数值可写为

$$\rho(Ag)/(mg \cdot L^{-1}) = 3$$

为了区别量本身和用特定单位表示的量的数值，尤其是在图表中用特定单位表示的量的数值，根据 GB 3101—93，可用下列两种方式之一表示：

① 用量与单位的比值表示。因任何一个量均可表达一个数值与计量单位之积，则数只能等于量除以单位之商。

量的数值在表格中以及坐标图中是大量出现的，在表头上说明这些数值时，一定要表明数值表示什么量，此外还要说明用的是什么单位。

例如，质量浓度 ρ 除以单位 mg/L 写为 $\rho/(mg \cdot L^{-1})$，而不得写成"ρ，mg/L"或"ρ (mg/L)"。

物质的量浓度 c 除以单位 mol/L，写成 $c/(mol \cdot L^{-1})$，而不能写成"c，mol/L"或"$c(mol/L)$"。

② 把量的符号加上花括号，并用单位符号作为下标来表示。

例如，$\{\rho\}$ $mg \cdot L^{-1}$ 表示量 ρ 以 mg/L 作单位时的数值，它是 $\rho/(mg \cdot L^{-1})$ 另一种标准化形式，由于下标的形式在印刷时较麻烦，故很少使用。

5. 量的量纲

量的量纲是指以量制中基本量的乘积表示的，该量制中某量的表达式。

任一量又可以用其他量以方程式的形式表示，这一表达形式可以是若干项的和，而每一项又可表示为所选定的一组基本量 A，B，C，…的乘方之积，有时还乘以数字因数 ζ，即

$$\zeta A^{\alpha} B^{\beta} C^{\gamma} \cdots$$

而各项的基本量组的指数 α，β，γ，…则相同。

于是，量 Q 的量纲可以表示为量纲积

$$\dim Q = A^{\alpha} B^{\beta} C^{\gamma} \cdots$$

式中，A，B，C，…表示基本量 A，B，C，…的量纲，而 α，β，γ，…则称为量纲指数。

所有量纲指数都等于零的量，往往称为无量纲量。其量纲积或量纲为 $A^0 B^0 C^0 \cdots = 1$。这种量纲一的量表示为数。

例如：若以 L、M 和 T 分别表示三个基本量长度、质量和时间的量纲，则功的量纲可以表示为 $\dim W = L^2 M T^{-2}$，其量纲指数为 2，1 与 −2。

在以七个基本量，长度、质量、时间、电流、热力学温度、物质的量和发光强度为基础的量制中，其基本量的量纲可分别有 L、M、T、I、Θ、N 和 J 表示，而量 Q 的量纲则一般为：

$$\dim Q = L^{\alpha} M^{\beta} T^{\gamma} I^{\delta} \Theta^{\varepsilon} N^{\zeta} J^{\eta}$$

例如：

量	量纲	电位	$L^2 M T^{-3} I^{-1}$
速度	LT^{-1}	相对密度	I
力	LMT^{-2}		

6. 量方程式和数值方程式

在科学技术中所用的方程式有两类：一类是量方程式，其中用物理量符号代表量值（即数值×单位）；另一类是数值方程式，它与所选用的单位有关，而量方程式的优点是与所选用的单位无关。因此，通常采用量方程式。

例如，利用 H_2SO_4 标准溶液，对试样所含 NaOH 的质量分数 $w(\text{NaOH})$ 进行滴定分析所用的量方程为：

$$w(\text{NaOH}) = \frac{c(\frac{1}{2}H_2SO_4) V(\frac{1}{2}H_2SO_4) M(\text{NaOH})}{m}$$

式中　　　　　m——试样质量；

$c(\frac{1}{2}H_2SO_4)$ ——标准溶液的浓度；

$V(\frac{1}{2}H_2SO_4)$ ——滴定所消耗标准溶液的体积；

$M(NaOH)$ ——氢氧化钠的摩尔质量。

上式中这四个量各用什么单位，与该式无关。在采用量方程进行计算时，参与计算的各个量，必须将数值连同其单位一并代入公式，而决不能只代入具体数值。

如把上面的量方程式改为数值方程式为：

$$w(NaOH) = \frac{c(\frac{1}{2}H_2SO_4)/(mol/L)\ V(\frac{1}{2}H_2SO_4)/mL\ M(NaOH)/(g/mol)}{m/g}$$

式中 $w(NaOH)$ ——试样中 NaOH 的质量分数，为无量纲量，其单位为 1；

$c(\frac{1}{2}H_2SO_4)$ ——以 $\frac{1}{2}H_2SO_4$ 作为基本单元时，标准溶液以 mol/L 作为单位时的数值；

$V(\frac{1}{2}H_2SO_4)$ ——滴定所消耗的 H_2SO_4 标准溶液的体积以 mL 作为单位时的数值；

$M(NaOH)$ ——NaOH 摩尔质量以 kg/mol 作为单位时的数值（0.040）；

m ——试样质量以 g 作为单位时的数值。

按上述所选定的单位，则上式等号右边：

$$\frac{mol/L \cdot mL \cdot kg/mol}{g} = 1$$

故上述的数值方程可以写成

$$w(NaOH) = \frac{c(\frac{1}{2}H_2SO_4)V(\frac{1}{2}H_2SO_4)M(NaOH)}{m}$$

其形式与它原来的量方程完全一样。这是因为用了上述所选的单位之间的关系造成的。

如果上述数值方程中的量 c、V、M、m 分别采用 mol/L、mL、g/mol、g 时，这个数值方程有系数 10^{-3}，而成为：

$$w(NaOH) = \frac{c(\frac{1}{2}H_2SO_4)V(\frac{1}{2}H_2SO_4)M(NaOH)}{m} \times 10^{-3}$$

7. 带数值的数据表和图的标注方法

按 GB 3101—93 规定数的表达形式为：一种为用量与单位的比值，例如 $n/mol = 2$；第二种为把量的符号加上花括号，并用单位的符号作为下标，例如 $\{n\}_{mol} = 2$。

（1）表头及表格的画法　栏中使用的单位应标注在该栏表头项目名称的正文。

例如：每升含 $0\sim100\mu g$ SiO_2 标准溶液配制表

工作溶液体积 V_1/mL	加试剂水体积 V_2/mL	SiO_2 质量浓度 ρ/(μg/L)
0.00	50.00	0
1.00	49.00	20
2.00	48.00	40

（2）坐标图　例如：

① 解离度与物质的量浓度的关系曲线见图 4-1。

② 比色分析标准曲线（吸光度与物质的量浓度关系曲线）见图 4-2。

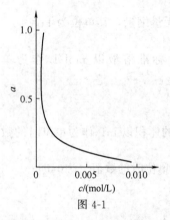

图 4-1

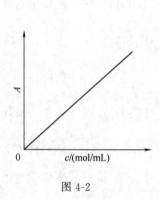

图 4-2

（3）数值关系式　摄氏温度 t 等于热力学温度 T 减去水冰点的热力学温度 T_0，即 $t=T-T_0$ 是量方程。此量方程不能进行量值计算。要进行量计算必须将量方程中的各量除以该量所选取的特定单位，从而得出数值方程，即 $t/℃=T/K-T_0/K$，故此数值方程可改为：

$$t/℃=T/K-273.15 \text{ 或 } T=(t/℃+273.15)K$$

【例 4-1】　将摄氏温度 $t=25℃$ 的单位"℃"，换算成热力学温度 T 的单位"K"。

解　根据数值方程　$T/K=t/℃+273.15$

则
$$T=(t/℃+273.15)K$$
$$=(25℃/℃+273.15)K$$
$$=298.15K$$

【例 4-2】　将热力学温度 $T=273.15K$ 的单位"K"，换算成摄氏温度 t 的单位"℃"。

解　根据数值方程　$t/℃=T/K-273.15$

则
$$t=(T/K-273.15)℃$$
$$=(273.15K/K-273.15)℃$$
$$=0℃$$

第二节 法定计量单位的使用

一、法定单位的名称

① 组合单位的中文名称与其符号表示的顺序一致。符号中的乘号没有对应的名称，除号对应名称为"每"字，无论分母中有几个单位，"每"字只出现一次。

例如，摩尔气体常数（R）单位的符号是 J/（mol·K），其单位名称是"焦耳每摩尔开尔文"，而不是"每摩尔开尔文焦耳"或"焦耳每摩尔每开尔文"。

② 乘方形式的单位名称，其顺序应是指数名称在前，单位名称在后。相应的指数名称由数字加"次方"二字而成。

例如，断面惯性矩的单位 m^4 的名称为"四次方米"。

③ 如果长度的 2 次和 3 次幂是表示面积和体积，则相应的指数名称为"平方"和"立方"，并置于长度单位之前，否则应称为"二次方"和"三次方"。

例如，体积单位 dm^3 的名称是"立方分米"，而断面系数单位 m^3 的名称是"三次方米"。

④ 书写单位名称时不加任何表示乘或除的符号或其他符号。

例如，电阻率单位 $\Omega\cdot m$ 的名称为"欧姆米"，而不是"欧姆·米"、"欧姆-米"、"［欧姆］［米］"等。

例如，质量浓度单位 kg/m^3 的名称为"千克每立方米"，而不是"千克/立方米"。

二、法定计量单位和词头的符号

在初中、小学课本和普通书刊中有必要时，可将单位的简称（包括带有词头的单位简称）作为符号使用，这样的符号称为"中文符号"。

法定单位的符号，不论拉丁字母或希腊字母，一律用正体。

单位符号的字母一般用小写体，若单位名称来源于人名，对其符号的第一个字母用大写体。例如，物质的量单位"摩尔"的符号是 mol；压力、压强的单位"帕斯卡"的符号是 Pa。

词头符号的字母当其所表示的因数小于 10^6 时，一律用小写体，大于或等于 10^6 时用大写体。

由两个以上单位相乘构成的组合单位，其符号有两种形式：N·m、Nm。

若组合单位符号中某单位的符号同时又是某词头的符号，并有可能发生混淆时，则应尽量将它置于右侧。

例如，力矩单位"牛顿米"的符号应写成 Nm，而不宜写成 mN，以免误解为"毫牛顿"。

由两个以上单位相乘所构成的组合单位，其中文符号只用一种形式，即用居中圆点代表乘号。

例如，动力黏度单位"帕斯卡秒"的中文符号是"帕·秒"，而不是"帕秒"、"［帕］［秒］"、"帕·［秒］"、"帕-秒"、"（帕）（秒）"、"帕斯卡·秒"等。

由两个以上单位相除所构成的组合单位，其符号可用下列三种形式之一：mol/L、mol·L^{-3}、mol L^{-3}。

当可能发生误解时，应尽量用居中圆点或斜线（/）的形式。

例如，速度单位"米每秒"的法定符号用 m·s^{-1} 或 m/s，而不宜用 ms^{-1}，以免误解为"每毫秒"。

由两个以上单位相除所构成的组合单位，其中文符号采用以下两种形式之一：千克/米^3、千克·米$^{-3}$。

在进行运算时，组合单位中的除号可用水平横线表示。

例如，速度单位可以写成 $\dfrac{m}{s}$ 或 $\dfrac{米}{秒}$。

分子无量纲而分母有量纲的组合单位即分子为 1 的组合单位的符号，一般不用分式而用负数幂的形式。

例如，波数单位的符号是 m^{-1}，一般不有 1/m。

在用斜线表示相除时，单位符号的分子和分母都与斜线处于同一行内。当分母中包含两个以上单位符号时，整个分母一般应加圆括号。在一个组合单位的符号中，除加括号避免混淆时，斜线不得多于一条。

例如，热导率单位的符号是 W/(K·m)，可不是 $\dfrac{W}{(K·m)}$ 或 W/K/m。

词头的符号和单位和符号之间不得有间隙，也不加表示相乘的任何符号。

单位和词头的符号应按其名称或者简称读音，而不得按字母读音。

摄氏温度的单位"摄氏度"的符号℃，可作为中文符号使用，可与其他中文符号构成组合形式的单位。

非物理量的单位（如件、台、人等）可用汉字与符号构成组合形式的单位。

三、法定计量单位和词头的使用

单位与词头的名称，一般只宜在叙述性文字中使用。单位和词头的符号，在公式数据表、曲线图、刻度盘和产品铭牌等需要简单明了表示的地方使用，也可用于叙述性文字中。应优先采用符号。

单位的名称或符号必须作为一个整体使用，不得拆开。

例如，摄氏温度单位"摄氏度"表示的量值应写成并读成"20 摄氏度"，不得写成并读成"摄氏 20 度"。

选用 SI 单位的倍数单位或分数单位，一般应使量的数值处于 0.1～1000 范围内。

例如：1.2×10^{4}N 可以写成 12kN；

0.00502mol 可以写成 5.02mmol；

11401Pa 可以写成 11.401kPa；

3.1×10^{-8}s 可以写成 31ns。

某些场合习惯使用的单位可以不受上述限制。

词头 h（百）、da（十）、d（分）、c（厘）一般用于某些长度、面积和体积单位。

有些非法定单位，可以按习惯用 SI 词头构成倍数单位或分数单位。

例如，mC_i、mR 等。

法定单位中的摄氏度以及非十进制的单位，如平面角单位"度"、"［角］分"、"［角］秒"与时间单位"分"、"时"、"日"等，不得用 SI 词头构成倍数单位或分数单位。

不得使用重叠的词头。

例如，应该用 nm，不应该用 $m\mu m$；应该用 am，不应该用 $\mu\mu\mu m$，也不应该用 nnm。

亿（10^8）、万（10^4）等是我国习惯用的数词，仍可使用，但不是词头。

只是通过相乘构成的组合单位在加词头时，词头通常加在组合单位中的第一个单位之前。

例如，力矩的单位 $kN \cdot m$，不宜写成 $N \cdot km$。

只通过相除构成的组合单位或通过乘和除构成的组合单位在加词头时，词头一般应加在分子中的第一个单位之前，分母中一般不用词头。但质量的 SI 单位 kg，这里不作为有词头的单位对待。

例如，摩尔质量单位 kg/mol 不宜写成 g/mmol。

例如，溶质 B 的质量摩尔浓度单位可以是 mol/kg。

当组合单位分母是长度、面积和体积单位时，按习惯与方便，分母中可以选用词头构成倍数单位或分数单位。

例如，密度的单位可以选用 g/cm^3。

一般不在组合单位的分子分母中同时采用词头，但质量单位 kg 这里不作为有词头对待。

例如，电解质电导率的单位不宜用 kS/mm，而用 MS/m；质量摩尔浓度可以用 mmol/kg。

倍数单位和分数单位的指数，指包括词头在内的单位的幂。

例如：
$$1cm^2 = 1(10^{-2}m)^2 = 1 \times 10^{-4}m^2$$

而
$$1cm^2 \neq 10^{-2}m^2$$

$$1\mu s^{-1} = 1(10^{-6}s)^{-1} = 10^6 s^{-1}$$

在计算中，建议所有量值都采用 SI 单位表示，词头应以相应的 10 的幂代替（kg 本身是 SI 单位，故不应换成 $10^3 g$）。

第三节　计量单位的换算

一、准确值的单位换算

在科学技术中，有一些准确值，也有一些在一定的历史时期为非准确值，后来通过国际协议成为准确值（如升的量值从 $1L = 1.000028dm^3$ 变为 $1L = 1dm^3$）。不论属于哪一类型的准确值，在进行计量单位换算时，必须保持其准确性，而不可按一般数值修约规则修约。因为不管哪种修约方式，其结果中都将出现修约误差而不再是准确值了。如

标准重力加速度　　　　　　　　$g_n = 9.80665 \text{m/s}^2$

标准大气压　　　　　　　　　　$1 \text{atm} = 101325 \text{Pa}$

水的三相点热力学温度　　　　　$T_{tp} = 273.15 \text{K}$

二、近似值的单位换算

测量得到的结果均为近似值。在给出测量结果换算成法定计量单位时，可以按下面方法取近似值。

1. 近似值单位换算时的有效位数

对测量近似值法定计量单位换算后的量值的有效位数，应正确确定，过多地给出有效位数，会造成虚假的过高准确度；太少则会白白地丢失准确度。换算后的量值的有效位数，可按下列方法确定。

设换算前、后的两个数分别为 M 与 N，两个数有效部分的前两位数（按一般修约规则确定，且不带"±"号和小数点），数值分别为 m 与 n。

当 $\dfrac{m}{n} \geqslant \sqrt{10}$（$m > n$），则换算后的量值有效位数比换算前的量值有效位数多一位；

当 $\dfrac{n}{m} \geqslant \sqrt{10}$（$n > m$），则换算后的量值有效位数比换算前的量值有效位数少一位；

（$\sqrt{10} \approx 3.16227766 \approx 3.2$）

当 $\dfrac{m}{n} < \sqrt{10}$ 或 $\dfrac{n}{m} < \sqrt{10}$，则换算前、后量值的有效位数相同。

【例 4-3】　原测量量值为 4.78mmHg，换算成以 Pa 为单位，确定换算后量值的有效位数。

　　解　按 1mmHg = 133.3224Pa 的换算关系，得

$$4.78 \text{mmHg} = 4.78 \times 133.3224 \text{Pa}$$
$$= 637.281072 \text{Pa}$$

$m = 47$，$n = 63$，则

$$\frac{n}{m} = \frac{63}{47} = 1.34 < \sqrt{10}$$

故换算前后量值有效位数应一样，即

$$4.78 \text{mmHg} \approx 637 \text{Pa}$$

【例 4-4】　原测量量值为 0.68in（0.68 英寸），换算成以 mm 为单位，确定换算后量值

的有效位数。

解 按换算关系 1in＝25.4mm，得

$$0.68\text{in}=0.68\times25.4\text{mm}=17.272\text{mm}$$

$m=68$，$n=17$，则

$$\frac{m}{n}=\frac{68}{17}=4>\sqrt{10}$$

故换算后量值有效位数比换算前量值的有效位数多一位，即

$$0.68\text{in}\approx17.3\text{mm}$$

【例 4-5】 原测量量值为 0.1015kgf，换算成以 N 为单位，确定换算后量值的有效位数。

解 按 1kgf＝9.80665N 换算关系，得

$$0.1015\text{kgf}=0.1015\times9.80665\text{N}$$
$$\approx0.995375\text{N}$$

$m=10$，$n=10$（修约）

$$\frac{m}{n}=1<\sqrt{10}$$

故换算前、后量值有效位数保持一样，即

$$0.1015\text{kgf}\approx0.9954\text{N}$$

若原测量量值改为 0.1013kgf，则

$$0.1013\text{kgf}=0.1013\times9.80665\text{N}$$
$$=0.993413645\text{N}$$

$m=10$，$n=99$

$$\frac{n}{m}=9.9>\sqrt{10}$$

则换算后量值有效位数比换算前量值有效位数少一位，即

$$0.1013\text{kgf}=0.993\text{N}$$

2. 带有测量不确定度的近似值的换算

对测量结果近似值带有测量不确定度的单位进行换算时，测量结果修约间隔应与测量不确定度的修约间隔一致，而测量不确定度的有效位数，据《测量不确定度表达指南》

（GUM：1993）中规定为 1 至 2 位，一般采用如下办法：测量不确定度的第一个有效数字为 1 或 2 时，取两位有效数字；第一个有效数字≥3 时，取一位有效数字。

【例 4-6】 对测量结果为 $L=(7.07\pm0.05)$in，换算成以 mm 为单位，如何保留其换算后的有效位数？

解 按换算关系 1in＝25.4mm，有 $U=0.05$in＝0.05×25.4mm＝1.27mm。按上述原则，保留两位有效数字，即 $U=1.33$mm（修约间隔为 0.1mm）。

又 7.07in＝7.07×25.4mm＝179.578mm，将计算后的量值按 0.1mm 修约间隔修约，修约结果为 179.6mm。故

$$L=(7.07\pm0.05)\text{in}=(179.6\pm1.3)\text{mm}$$

三、极限值的单位换算

极限值是指极大值（max）和极小值（min），它们均属于不可逾越的界限值。在有些技术测量中，在单位换算以后根据需要的修约方向修约。对于极大值（max），只舍不入（不能更大）；对于极小值（min），只入不舍（不能更小）。

【例 4-7】 某一技术规范（使用说明书）规定某一压力传感器（0～100kgf/mm²）允许误差为 0.05kgf/mm²，若换算成以 Pa 为单位，如何确定其允许误差值？

解 极大值的处理，因 1kgf/mm²＝0.0980665MPa，则有 0.05kgf/mm²＝0.05×0.0980665MPa＝0.004903325MPa，即为 0.004MPa（只舍不入）。

【例 4-8】 极小值 4.7in，若换算成以 mm 为单位，确定换算后的量值。

解 按换算关系 1in＝25.4mm，则有

$$4.7\text{in}=4.7\times25.4\text{mm}=119.38\text{mm}$$

$m=47$，$n=12$

$$\frac{m}{n}=\frac{47}{12}>\sqrt{10}$$

故换算后量值有效位数比换算前应多保留一位有效位数，即

$$(4.7\text{in})_{\min}=120\text{mm}（只舍不入）$$

四、单位换算中确定有效位数的方法

数一般应当用正体印刷。数从小数记号向左或向右读时，每三位数一组，用空 $\frac{1}{4}$ 个汉字同前一位数或后一位数分别隔开。大于三位数的整数，每三位数之间也应间空，但不得用逗号、圆点或其他方式。表示年份的四位数除外。

例如：23 456   2 345   2.345   2.345 67   1996 年

数值相乘时，应使用乘号（×），而不使用圆点来表示数值相乘。

例如，写成 1.8×10^{-3}，不得写成 $1.8\cdot10^{-3}$。

表示量的数值，应使用阿拉伯数字，后边写上国际单位符号。

数的修约规则依据 GB 3101—93 附录 B。

修约的含义是用一称做修约数代替一已知数，修约数来自选定的修约区间的整数倍。

例如：修约区间 0.1。

整数倍 12.1，12.2，12.3，12.4 等。

修约区间 10

整数倍 1210，1220，1230，1240 等。

如果只有一个整数倍最接近已知数，则此整数倍就认为是修约数。

例如：(1) 修约区间 0.1mL

已知数	修约数
12.223mL	12.2mL
12.251mL	12.3mL
12.275mL	12.3mL

(2) 修约区间 10g

已知数	修约数
1222.3g	1220g
1225.1g	1230g
1227.5g	1230g

如果有两个连续的整数倍同等地接近已知数，则有两种不同的规则可以选用。

规则 A，选取偶数整数倍作为修约数。

例如：(1) 修约区间 0.1mL

12.35mL	12.4mL

(2) 修约区间 10mL

已知数	修约数
1225.0mL	1220mL
1235.0mL	1240mL

规则 B，取较大的整数倍作为修约后的数。

例如：(1) 修约区间 0.1mmol

已知数	修约数
12.25mmol	12.3mmol
12.35mmol	12.4mmol

(2) 修约区间 10mL

已知数	修约数
1225.0mL	1230mL
1235.0mL	1240mL

通常按规则 A 较为可取，例如，他在处理一系列测量数据时有特殊的优点，可使修约误差最小。规则 B 广泛用于计算机。分析检验应用规则 A，即教材讲的"四舍五入五成双法则"。

用上述规则作多次修约时，可能会发生误差。因此应当一次完成修约。例如，修约

12.251 一值，修约区间为 0.1 的修约结果为 12.3，而不是由 12.251 修约至 12.25 再修约至 12.2。

第四节　分析检验中常用的量和单位

一、分析检验中常用的物理量和单位

1. 长度单位

长度法定基本单位是米，符号为 m。它的十进倍数和分数单位有 km（千米）、cm（厘米）、mm（毫米）、μm（微米）、nm（纳米）、pm（皮米）、fm（飞米）。

$$1m = 10dm = 100cm = 1000mm$$
$$= 1.0 \times 10^6 \mu m = 1.0 \times 10^9 nm$$
$$= 1.0 \times 10^{12} pm$$
$$= 1.0 \times 10^{15} fm$$

2. 质量单位

质量的法定基本单位是千克，它等于国际千克原器的质量，符号为 kg。

由于历史的原因，千克虽然是基本单位，但是它的中、外名称和符号里却包含了词头千（k）。为了避免出现词头重叠，质量的倍数和分数单位不是在千克（kg）而是在克（g）前加词头。例如：

0.000001 千克 $= 1 \times 10^{-6}$ 千克，不写成 $1\mu kg$（微千克），而应写成 1mg（毫克）。

分析检验工作中常用的质量单位有 kg（千克）、g（克）、mg（毫克）、μg（微克）。

$$1g = 1.0 \times 10^{-3} kg = 1.0 \times 10^3 mg$$
$$= 1.0 \times 10^6 \mu g = 1.0 \times 10^9 ng$$

3. 原子质量单位

原子质量单位是一种极小的质量单位。它的定义为：原子质量单位（u）等于一个碳-12 核素原子质量的 1/12。

$$1u = 1.6605402 \times 10^{-27} kg$$

原子质量单位是我国选定的非国际单位制的法定计量单位。

4. 时间单位

秒是我国的时间法定基本单位，符号为 s。秒的倍数和分数单位为：

$$1ks = 1.0 \times 10^3 s$$
$$1ms = 1.0 \times 10^{-3} s$$
$$1\mu s = 1.0 \times 10^{-6} s$$

$$1ns = 1.0 \times 10^{-9}s$$

时间单位除了基本单位秒之外，还有非十进制时间单位分、时、天（日）。它是我国选定的非国际单位制的法定计量单位，符号分别为 min、h、d。

5. 温度单位

按照国际单位制规定，热力学温度是基本温度。开尔文是热力学温度的 SI 单位名称，其定义为：开尔文（K）是热力学温度单位，等于水的三相点热力学温度的 1/273.16。

摄氏温度是表示摄氏温度的 SI 单位名称，其定义为：摄氏度（℃）是用以代替开尔文表示摄氏温度的专门名称。

摄氏温度单位"摄氏度"与热力学温度单位"开尔文"之间的数值关系是

$$t/℃ = T/K - 273.15$$

例如，水的沸点用摄氏温度表示为 100℃，而用热力学温度表示，则为 373.15K。

6. 力及重力单位

力、重力单位牛顿的定义为：牛顿是使加在质量为 1 千克的物体上使之产生 1 米每二次方秒加速度所需的力。牛顿的符号为 N。

$$1N = 1kg \cdot 1m/s^2 = 1kg \cdot m/s^2$$

力的单位是根据牛顿第二定律的物理方程式 $F = ma$ 导出的。在国际单位制中，质量 m 的单位是千克（kg），加速度 a 的单位是米每二次方秒（m/s^2），代入式 $F = ma$，得

$$F = [m][a] = kg \cdot m/s^2$$

这就是力的 SI 单位，读作"千克米每二次方秒"。

7. 压力、压强单位

压力、压强的法定计量单位是帕斯卡，其定义为：帕斯卡是 1 牛顿的力均匀而垂直地作用在 1 平方米的面上所产生的压力。帕斯卡的符号为 Pa

$$1Pa = 1N/m^2$$

8. 能量、功及热的单位

能量、功、热单位焦耳的定义是：1 牛顿的力作用点在力的方向上推进一米距离所做的功。焦耳的符号为 J。

$$1J = 1N \cdot 1m = 1kg \cdot m^2/s^2$$

9. 体积单位

体积的 SI 单位为立方米，符号为 m^3。常用的倍数和分数单位有 km^3（立方千米）、dm^3（立方分米）、cm^3（立方厘米）、mm^3（立方毫米）。

$$1m^3 = 1.0 \times 10^3 dm^3 = 1.0 \times 10^6 cm^3$$

按照国际单位制规定，所有计量单位都只给予一个单位符号，唯独升例外，它有两个符

号，一个大写的 L 与一个小写的 l。升的名称不是来源于人名，本应用小写体字母 l 作符号。但是小写体字母 l 极易与阿拉伯数字 1 混淆带来误解。

二、化学的量和单位

1. 化学元素和核素的符号

根据 GB 3102.8—1993 附录 B（或 GB 3102.9—1993 附录 B）规定，化学元素符号应当用罗马（正）体书写，在符号后不得附加圆点，除非句子结尾的正常标点除外。例如：

$$H \quad He \quad C \quad Ca$$

说明核素或分子的附加下标或上标，就具有下列意义及位置。

核素的核子数（质量数）表示在左上标位置，例如：

$$^{14}N$$

分子中核素的原子数表示在右下标位置，例如：

$$^{14}N_2$$

质子数（原子序数）可在左下标位置指出，例如：

$$_{64}Gd$$

如有必要，离子态或激发态可在右上标位置指出。例如：

离子态　Na^+，PO_4^{3-} 或 $(PO_4)^{3-}$

电子激发态　He^*，NO^*

核激发态　$^{110}Ag^*$，$^{110}Ag^m$

2. 相对原子质量

根据 GB 3102.8—1993 中 8-1.1 的规定，相对原子质量定义为：元素的平均原子质量与核素 ^{12}C 原子质量的 1/12 之比，用符号 $A_r(X)$ 表示，这里 A 代表原子，右下标 r 代表相对，括号中 X 表示指定元素量。

例：
$$A_r(Cl) = 35.4527$$
$$A_r(H) = 1.00794$$
$$A_r(Cu) = 63.546$$

将碳同位素 12 的质量定为 12，作为原子质量标准，是 1959～1960 年，国际纯粹与应用物理联合会和国际纯粹与应用化学联合会取得一致协议后规定的，并定 $^{12}_6C$ 原子质量的 1/12 为统一原子质量单位，缩写为 u。由于 $12g^{12}_6C$ 原子中包含有 6.022045×10^{23} 个原子，所以，

$$1u = 1.6605402 \times 10^{-27}kg$$

采用 $^{12}_6C$ 为标准的好处是：

（1）碳形成很多的高质量的"分子离子"和氢化物，利于测定，而氧则无高质量离子（过去以天然氧原子为标准）；

（2）$^{12}_{6}C$ 很容易在质谱仪中测定，而用质谱仪测定原子质量是现代最准确的方法，原子质量的有效数字可多达 7 位以上；

（3）采用 $^{12}_{6}C$ 所有元素的原子质量都变动不大，仅此过去的化学原子量和物理原子量各减少 0.0043% 和 0.0318%；

（4）这种碳原子在自然界的丰度比较稳定；

（5）碳在自然界分布较广，它的化合物特别是有机物种类繁多；

（6）元素中最轻的元素氢的相对原子质量仍不小于1；

相对量是无量纲的。因此，在相对原子质量之后不能带单位，而在某元素的原子质量之后，则必须指明单位。例如，碳的平均原子质量是 12.011u［记作 $m(C)=12.011u$］，而它的相对原子质量则是 12.011［记作 $A_r(C)=12.011$］。

【例 4-9】 已知氢原子的质量 $m(H) \approx 1.673 \times 10^{-27}kg$，计算氢元素的相对原子质量？

解　按相对原子质量的定义，氢原子的相对原子质量为：

$$A_r(H)=m(H)/u=1.673 \times 10^{-27}/1.660 \times 10^{-27}$$
$$=1.0078$$

3. 相对分子质量

根据 GB 3102.8—1993 中 8-1.2 的规定，相对分子质量定义为：物质的分子或特定单元的平均质量与核素 $^{12}_{6}C$ 原子质量的 1/12 之此，用符号 M_r 表示，即：

$$M_r(某物质)=\frac{该物质的分子或特定单元的平均质量}{^{12}C 核素原子质量 \times \frac{1}{12}}$$

相对分子质量同相对原子质量一样，是无量纲的相对量，以前称作分子量。

相对分子质量也决定于核素的组成，但因元素周期表中各元素的相对原子质量都已经考虑了核素的组成，相对分子质量就可以由元素的相对原子质量按分子式直接进行计算。例如：

$$M_r(NaCl)=22.990+35.453=58.443$$
$$M_r(O_2)=15.999 \times 2=31.998$$
$$M_r(H_2SO_4)=1.0079 \times 2+32.066+15.999 \times 4$$
$$=99.087$$

【例 4-10】 求 NaOH 的相对分子质量。

解　查元素的相对原子质量表可知：

$$A_r(Na)=22.990$$
$$A_r(O)=15.999$$
$$A_r(H)=1.0079$$

根据 NaOH 的分子组成，可求得 NaOH 的相对分子质量：

$$M_r(\text{NaOH}) = 22.990 + 15.999 + 1.0079 = 39.997$$

【例 4-11】 求 $K_2Cr_2O_7$ 的相对分子质量。

解 查元素的相对原子质量表可知。

$$A_r(\text{K}) = 39.089$$
$$A_r(\text{Cr}) = 51.996$$
$$A_r(\text{O}) = 15.999$$

所以 $K_2Cr_2O_7$ 的相对分子质量为：

$$M_r(K_2Cr_2O_7) = 2 \times 39.089 + 2 \times 51.996 + 7 \times 15.999$$
$$= 294.16$$

4. 物质的量

物质的量是国际单位中的 7 个基本量之一，它的确立是在 1971 年由 IUPAP 与 IUPAC 提出建议，用物质的量作基本量，并选择"mol"作为基本单位。1971 年 10 月召开的第 14 届国际计量大会上采纳了这个建议，从而在化学领域中建立起完善的量制和单位制。

物质的量用符号 n 表示，如果 n 用来表示粒子数密度时，可用 ν 来代替 n。如果泛指物质 B 的物质的量时，可将 B 作为下标记为 n_B。

物质的量有以下特点。

① 物质的量没有定义，和其他基本量一样，彼此相互独立，而且决不能用导出量来定义。

② 独立于质量 m。

③ 物质的量 n_B 正比于物质 B 的特定单元 B 的数目 N_B。

$$n_B = \frac{1}{L} N_B \tag{4-1}$$

式中 L——阿伏加德罗（Avogadro）常数。

④ 使用物质的量 n 时，必须指明基本单元。基本单元可以是原子、分子、离子、原子团、电子、光子及其他粒子，或这些粒子的特定组合。

使用物质的量时，需注意以下几点：

① 用括号或下标给出基本单元（粒子）的符号。如

$n\left(\dfrac{1}{6}K_2Cr_2O_7\right)$ 或 $n_{\frac{1}{6}K_2Cr_2O_7}$ ，一般采用前者。

对于同一物系来说，基本单元不同，物质的量也不同。如用 $K_2Cr_2O_7$ 和 $\dfrac{1}{6}K_2Cr_2O_7$ 作为基本单元，物质的量是不相同的，后者是前者的 6 倍，即 $n\left(\dfrac{1}{6}K_2Cr_2O_7\right)$ 或 $6n(K_2Cr_2O_7)$。通

式为 $n\left(\dfrac{1}{z}B\right) = z \cdot n(B)$。

② 物质的量并非质量，下式是不成立的：

$$n(K_2Cr_2O_7) = 1mol = 294.16g$$

因为等号两边给出的是量纲不同的两个量。因而只能说，1mol $K_2Cr_2O_7$ 的质量为 294.16g 或

$$n(K_2Cr_2O_7) = 1mol \triangleq 294.16g(\triangleq 的含义为相当于)$$

③ 物质的量 n 不能称为"摩尔数"，因为 n 是一个量，而摩尔数的概念则是为 mol 表达某物质的量的具有的值。

【例 4-12】 已知 $n(H_2SO_4) = 1mol$，求 $n\left(\dfrac{1}{2}H_2SO_4\right)$ 为多少。

解
$$n\left(\dfrac{1}{2}H_2SO_4\right) = 2 \cdot n(H_2SO_4)$$
$$= 2 \times 1mol = 2mol$$

5. 摩尔

摩尔是物质的量的国际单位，它是国际单位制的基本单位之一，其符号为 mol。

在使用 mol 这个单位时，必须很好理解定义的两条含义：

第一，mol 是一系统的物质的量，该系统包含的基本单元数与 0.012kg 碳-12 的原子数目相等。这一条第一句话是指明，mol 这个单位是物质的量这一量的单位，不是质量的单位；第二句话是定义了 mol 这个单位的大小。只要系统中单元 B 的数目与 0.012kg 碳-12 的原子数目一样多，则物质 B 的物质的量 n_B 就是 1mol。如果单元 B 的数目与 0.018kg 碳-12 的原子数目一样多，则物质 B 的物质的量 n_B 就是 1.5mol。0.012kg 碳-12 的原子数目，就是以 mol^{-1} 作为单位的阿伏加德罗常数的数值，现在公认的阿伏加德罗常数的值是 $L = (6.0221367 \pm 0.0000036) \times 10^{23}/mol$，这个值的有效数值的位数是随着测量技术的提高而增加的。因此，给摩尔下的是绝对的定义。

第二，在使用 mol 时，基本单元应予指明，可以是原子、分子、离子、电子及其他粒子，或是这些粒子的特定组合。这一条要求，在说到 mol 时，与说到物质的量时一样，必须将单元指明，否则所说的 mol 就没有明确的意义；单元可以是各种粒子，或是这些粒子的各种组合，甚至这种组合不一定是实际存在的。

所谓基本单元指明，就是指出物质的化学式、元素符号或由它们的特定组合。例如：

1mol H，具有质量 1.00794g；

1mol H_2，具有质量 2.01588g；

1mol $\left(\dfrac{1}{2}H_2\right)$，具有质量 1.00794g；

1mol $\left(H_2 + \dfrac{1}{2}O_2\right)$，具有质量 18.0153g。

在叙述时也要说清楚基本单元是什么，例如：$n(H)=12mol$，叙述为氢原子的物质的量等于 12mol；$n\left(\frac{1}{2}H_2\right)=1mol$，叙述为 $\frac{1}{2}$ 氢气分子的物质的量等于 1mol。

6. 摩尔质量

根据 GB 3102.8—93 中 8-5 的规定，摩尔质量定义为：质量除以物质的量，符号为 M，即：

$$M=m/n \tag{4-2}$$

其 SI 单位为千克每摩［尔］（kg/mol），化学分析中常用的单位为克每摩［尔］（g/mol），克每毫摩［尔］（g/mmol）。

摩尔质量是一个包括物质的量 n 的导出量，因上，给出摩尔质量时，必须指明基本单元，所以式（4-2）通常写为

$$M_B=m_B/n_B \tag{4-3}$$

式中　M_B——B 物质的摩尔质量，kg/mol；

　　　　m_B——B 物质的质量，kg；

　　　　n_B——B 物质的质量，mol。

对于同一物质，规定基本单元不同，其摩尔质量亦不同。例如，高锰酸钾若以 $KMnO_4$ 为基本单元，则 $M(KMnO_4)=158.04g/mol$，若以 $\frac{1}{5}KMnO_4$ 为基本单元，则 $M\left(\frac{1}{5}KMnO_4\right)=31.608g/mol$。

摩尔质量的单位采用 g/mol 时，它的数值等于物质的相对分子质量或元素的相对原子质量。即 $M(原子)=A_r(原子)g/mol$，$M(分子)=M_r(分子)g/mol$。例如：

$A_r(H)=1.00794$，则 $M(H)=1.00794g/mol$；

　　$A_r(Mg^{2+})=24.3050$，则 $M(Mg^{2+})=24.3050g/mol$；

　　$A_r(NaOH)=40.00$，则 $M(NaOH)=40.00g/mol$；

　　$A_r(K_2Cr_2O_7)=294.16$，则 $M(K_2Cr_2O_7)=294.16g/mol$；

　　$M_r\left(\frac{1}{6}K_2Cr_2O_7\right)=49.027$，则 $M\left(\frac{1}{6}K_2Cr_2O_7\right)=49.027g/mol$。

摩尔质量是化工分析中常用的一个重要的量。在滴定分析计算中为求待测组分的质量分数，常需要先求得摩尔质量，而求摩尔质量必须知道基本单元，而基本单元的确定是根据滴定化学反应方程式确定，所以一旦确定了基本单元就等于得出了摩尔质量。

【例 4-13】　设 $m(KMnO_4)=158.04g$，求 $n(KMnO_4)$ 和 $n\left(\frac{1}{5}KMnO_4\right)$ 各为多少？

解　已知 $M_r(KMnO_4)=158.04$

而　　　　　　　　　　　　　$M(B)=M_r(B)g/mol$

故　　　　　　　　　　　　$M(KMnO_4)=158.04g/mol$

$$M\left(\frac{1}{5}KMnO_4\right) = \frac{1}{5} \times 158.04g/mol$$
$$= 31.608g/mol$$

又根据式（4-3）得

$$n(KMnO_4) = m(KMnO_4)/M(KMnO_4)$$
$$= 158.04g/158.04g \cdot mol^{-1}$$
$$= 1mol$$

$$n\left(\frac{1}{5}KMnO_4\right) = 158.04g/31.608g \cdot mol^{-1}$$
$$= 5mol$$

【例 4-14】 已知硫酸的物质的量 $n(H_2SO_4) = 1.50mol$，求它的质量？

解　已知 $M_r(H_2SO_4) = 98.078$

故
$$M(H_2SO_4) = 98.078g/mol$$

又根据式（4-3）得

$$m(H_2SO_4) = n(H_2SO_4) \cdot M(H_2SO_4)$$
$$= 1.50mol \times 98.087g/mol$$
$$= 147g$$

【例 4-15】 $Al_2(SO_4)_3$ 的质量 $m = 85.5g$，求 $n(SO_4^{2-})$，$n(Al^{3+})$ 和 $n(O)$ 是多少？

解　已知 $M_r[Al_2(SO_4)_3] = 342.14$

故
$$M[Al_2(SO_4)_3] = 342.14g/mol$$

又根据式（4-3）得

$$n[Al_2(SO_4)_3] = \frac{m}{M[Al_2(SO_4)_3]}$$
$$= \frac{85.5g}{342.14g/mol}$$
$$= 0.250mol$$

因为 1mol $Al_2(SO_4)_3$ 有 2mol Al^{3+}、3mol SO_4^{2-} 和 12molO。

则在 0.250mol 的 $Al_2(SO_4)_3$ 中

$$n(Al^{3+}) = \frac{2mol \times 0.250mol}{1mol} = 0.5mol$$

$$n(SO_4^{2-}) = \frac{3mol \times 0.250mol}{1mol} = 0.75mol$$

$$n(O) = \frac{12mol \times 0.250mol}{1mol} = 3mol$$

7. B 的质量浓度和密度

（1）B 的质量浓度　根据 GB 3102.8—1993 中 8-11.2 的规定，B 的质量浓度定义为：B 的质量除以混合物的体积，符号为 ρ_B，即

$$\rho_B = m_B/V \tag{4-4}$$

式中　ρ_B——B 的质量浓度，kg/L；

　　　m_B——B 的质量，kg；

　　　V——混合物的体积，L。

其 SI 单位是千克每立方米（kg/m^3），化工分析中常用单位是 kg/L、g/L、mg/L 等。

B 的质量浓度 ρ_B 主要用来表示元素标准溶液和基准溶液的浓度，化工分析中的仪器分析，用此浓度表示标准溶液用得较多。同时也常用来表示一般溶液浓度和水质分析中各组分的含量，不管于何种溶液的浓度表示，一般情况下，都是用于溶质为固体的溶液。

应用 ρ_B 来表示浓度时，应注意以下几点：

① 用来表示元素标准溶液或基准溶液和水组分含量时，应该标明量的符号，并在 ρ 的符号后用括号标明基本单元。如 $\rho(Ag^+) = 5mg/L$，或 $\rho(Ag^+)/(mg \cdot L^{-1}) = 5$。

② 一般情况下，用 ρ_B 表示元素标准溶液的浓度时，只写整数，或需要写小数时，只保留小数点后的非零数字。这种表示法不考虑关于有效数字的规定。如：$\rho(Ag^+) = 2mg/mL$；不写成 $\rho(Ag^+) = 2.0mg/mL$。

【例 4-16】 称取氯化钠质量 25g，溶于水后稀释致 1L 溶液，求氯化钠的质量浓度为多少？

解　根据式（4-4）得

$$\rho(NaCl) = m(NaCl)/V = 25g/1L = 25g/L$$

【例 4-17】 用 $\rho(K_2Cr_2O_7) = 1mg/mL$ 的贮备液制备 $\rho(K_2Cr_2O_7) = 20\mu g/mL$ 的工作液 250mL，应取贮备液多少体积？

解　因为　　　　　　　　　　　　$\rho_1 V_1 = \rho_2 V_2$

　　　所以　　　　　$V_1 = \frac{20 \times 10^{-3}mg/mL \times 250mL}{1mg/mL} = 5mL$

（2）密度（质量密度）　根据 GB 3102.8—1993 中 8-11.1 的规定，密度定义为：质量除以体积，符号为 ρ，即

$$\rho = m/V \tag{4-5}$$

式中　ρ——物质的密度，kg/m^3；

　　　m——物质的质量：kg；

V——物质的质量 m 所占有的体积，m^3。

其 SI 制单位是千克每立方米（kg/m^3），化工分析中常用单位是 g/cm^3、g/dm^3、g/L、g/mL。

【例 4-18】　在标准状态下测得 $0.715g$ SO_2 气体占有的体积为 $0.25dm^3$，求 SO_2 气体的密度？

解　根据式（4-5）得

$$\rho = 0.715g/0.25dm^3 = 2.86g/dm^3 = 2.86g/L$$

8. B 的物质的量浓度

根据 GB 3102.8—1993 中 8-13 的规定，B 的物质的量浓度定义为：B 的物质的量除以混合物的体积，符号为 c_B，即

$$c_B = n_B/V \tag{4-6}$$

式中　c_B——B 的物质的量浓度，mol/L；

n_B——物质的量，mol；

V——混合物的体积，L。

其 SI 制单位是摩［尔］每立方米（mol/m^3），化工分析中常用单位是 mol/L、$mmol/L$、$\mu mol/L$。

B 的物质的量浓度也可称为 B 的浓度，符号也可用 ［B］表示，"浓度"简称只有物质的量浓度才可以用，其他称为"……浓度"的量则不可以用，如质量浓度只可取全称。

使用物质 B 的浓度时应注意的问题：

① B 的物质的量浓度 c_B，其下标 B 是指基本单元，如果 B 系指特定的基本单元时，可记为 $c(B)$ 的形式，即应将具体单元的化学符号写在与符号 c 齐线的圆括号中，如 $c(H_2SO_4)$、$c\left(\frac{1}{6}K_2Cr_2O_7\right)$、$c(HCl)$、$c\left(\frac{1}{2}Ca^{2+}\right)$ 等表示。

② 用符号 ［B］表示 B 的物质的量浓度时，一般只用于化学反应平衡。

③ 用浓度表示同一溶液中的同一溶液时，基本单元不同，则表示浓度的量值也不同，它们关系为

$$c(ZB) = \frac{1}{z}c(B)$$

例如：
$$c\left(\frac{1}{5}KMnO_4\right) = 5 \times c(KMnO_4)$$

$$c(H_2SO_4) = \frac{1}{2}c\left(\frac{1}{2}H_2SO_4\right)$$

【例 4-19】　现有 $50.00mL$ 的 Na_2CO_3 水溶液的物质的量为 $0.05mol$，求此溶液的浓度 $c(Na_2CO_3)$？

解　根据式（4-6）得

$$c(Na_2CO_3) = n(Na_2CO_3)/V$$
$$= 0.05mol/50.00 \times 10^{-3}L$$
$$= 1.000mol/L$$

【例 4-20】 准确称取基准 $K_2Cr_2O_7$ 2.453g，溶解后转移至 500ml 容量瓶中并定容，求此溶液的物质的量浓度 $c\left(\dfrac{1}{6}K_2Cr_2O_7\right)$？

解 因为
$$c_B = n_B/V$$
$$n_B = m_B/M_B$$

所以
$$c_B = \frac{m_B}{M_B \cdot V}$$

即
$$c\left(\frac{1}{6}K_2Cr_2O_7\right) = \frac{m\left(\frac{1}{6}K_2Cr_2O_7\right)}{M\left(\frac{1}{6}K_2Cr_2O_7\right) \cdot V}$$

而
$$M\left(\frac{1}{6}K_2Cr_2O_7\right) = \frac{1}{6}M(K_2Cr_2O_7)$$
$$= \frac{1}{6} \times 294.19g/mol$$
$$= 49.03g/mol$$

$$c\left(\frac{1}{6}K_2Cr_2O_7\right) = \frac{2.453g}{49.03g/mol \times 500 \times 10^{-3}L}$$
$$= 0.1001mol/L$$

【例 4-21】 将质量为 1.5803g 的 $KMnO_4$ 配制成体积为 200mL 的溶液，用 $c(KMnO_4)$ 表示该溶液的物质的量浓度各为多少？

解 根据公式：$c_B = \dfrac{m_B}{M_B V}$

因
$$M(KMnO_4) = 158.04g/mol$$
$$c(KMnO_4) = \frac{1.5803g}{158.04g/mol \times 200 \times 10^{-3}L}$$
$$= 0.05000mol/L$$
$$c\left(\frac{1}{3}KMnO_4\right) = 3c(KMnO_4) = 3 \times 0.05000mol/L$$
$$= 0.1500mol/L$$

【例 4-22】 某一重铬酸钾溶液，已知 $c\left(\dfrac{1}{6}K_2Cr_2O_7\right) = 0.0167mol/L$，体积为 3000mL？

(1) 求重铬酸钾的物质的量 $n\left(\dfrac{1}{6}K_2Cr_2O_7\right)$？

(2) 如果将此溶液取出 250mL 后，再加 250mL 水混匀，求此溶液的浓度 $c\left(\dfrac{1}{6}K_2Cr_2O_7\right)$？

解　（1）根据式（4-6）得

$$n\left(\frac{1}{6}K_2Cr_2O_7\right)=c\left(\frac{1}{6}K_2Cr_2O_7\right)\cdot V$$
$$=0.0167mol/L\times3000\times10^{-3}L$$
$$=0.0501mol$$

（2）溶液中取出 250mL，

$$n_1\left(\frac{1}{6}K_2Cr_2O_7\right)=c\left(\frac{1}{6}K_2Cr_2O_7\right)\cdot V_1$$
$$=0.0167mol/L\times250\times10^{-3}L$$
$$=0.00418mol$$

取出 250mL 溶液后，剩余的溶液的物质的量为：

$$n_2\left(\frac{1}{6}K_2Cr_2O_7\right)=n\left(\frac{1}{6}K_2Cr_2O_7\right)-n_1\left(\frac{1}{6}K_2Cr_2O_7\right)$$
$$=0.0501mol-0.00418mol$$
$$=0.04592mol$$

又加入 250mL 水，则总体积保持不变仍为 3000mL，代入式（4-6）得

$$c\left(\frac{1}{6}K_2Cr_2O_7\right)=\frac{0.04592mol}{3000\times10^{-3}L}=0.0153mol/L$$

9. B 的质量分数

根据 GB 3102.8—1993 中 8-12 的规定，B 的质量分数定义为：B 的质量与混合物的质量之比，符号为 w_B，即

$$w_B=m_B/m \tag{4-7}$$

式中　w_B——B 的质量分数；

m_B——B 的质量，kg；

m——混合物的质量，kg。

【例 4-23】　分析质量为 3.5g 铁矿石样品，经分析测得其铁（Fe）的质量为 2.625g，求铁的质量分数为多少？

解　根据式（4-7）得

$$w(Fe)=m(Fe)/m(矿石)=2.625g/3.5g=0.75$$

或表示为 $w(Fe)=75\%$ 或 $w(Fe)=7.5\times10^{-1}$

质量分数计算结果都为纯数，故此量为无量纲量，其 SI 单位为"1"。因此，测得数值之后，不应加任何其他单位和符号，而应该用纯数表示，或某一数值乘上 10^{-2}、10^{-3}、

10^{-6} 等形式，国家标准 GB 3102.11—1993 中 11-4.18 规定，百分率的符号用％表示，所以一般用 "％" 代替 10^{-2}，国标没有 "‰" 符号列入，故不应再用 "‰" 符号表示（或代表）10^{-3}。

【例 4-24】　某一复合磷肥料 30g，经分析检验它有 2.5g 的磷，求该复合磷肥料中磷的质量分数为多少？

解　根据式（4-7）得

$$w(P) = m(P)/m = 2.5g/30g = 0.0833$$

或表示为 $w(P) = 8.33 \times 10^{-2}$ 或 $w(P) = 8.33\%$

但不得表示为 $w(P) = 83.3‰$

用质量分数表示溶液浓度的优点是浓度不受温度的影响。这种表示法一般用于溶质是固体的溶液。如 $w(NaCl) = 10\%$，表示 10gNaCl 溶于 90g 水中。

【例 4-25】　下列数据为一分析检验结果的原始数据，样品为工业烧碱 0.9832g，经滴定分析消耗标准溶液的量相当于 $n(NaOH)$ 为 10.05mmol，计算工业烧碱中 NaOH 的质量分数为多少？

解　已知 $M(NaOH) = 40.00g/mol$

根据式（4-3）得

$$
\begin{aligned}
m(NaOH) &= n(NaOH) \cdot M(NaOH) \\
&= 10.05 \times 10^{-3} mol \times 40.00g/mol \\
&= 0.4020g
\end{aligned}
$$

又根据式（4-7）得

$$
\begin{aligned}
w(NaOH) &= m(NaOH)/m \\
&= 0.4020g/0.9832g \\
&= 0.4089
\end{aligned}
$$

10. B 的体积分数

根据 GB 3102.8—1993 中 8-15 的规定，B 的体积分数定义为：B 的体积与混合物体积之比，其符号为 φ_B，即

$$\varphi_B = V_B/V \tag{4-8}$$

式中　φ_B——B 的体积分数；

　　　V_B——B 的体积，L；

　　　V——混合物的体积，L。

【例 4-26】　在 250mL H_2SO_4 溶液中含有 H_2SO_4 为 50mL，求 H_2SO_4 的体积分数为多少？

解　根据式（4-8）得

$$\varphi(H_2SO_4)=V(H_2SO_4)/V$$
$$=50mL/250mL$$
$$=0.20$$

或表示为　　　　　　　　$\varphi(H_2SO_4)=2.0\times10^{-1}$（或 20%）

B 的体积分数和 B 的质量分数相类似，此量是无量纲量，其 SI 单位为 "1"，因此，在测试所得数值（比值）之后，不应再加以任何其他单位或符号，而且相成比值的分子和分母的体积，不论用什么单位体积，其计算结果均为纯数，表示方法可用 "某一数值乘以 10^n 等形式"。

【例 4-27】　在 100L 空气中含有二氧化硫气体 0.02L，求空气中二氧化硫体积分数为多少？

解　根据式（4-8）得

$$\varphi=V(SO_2)/V=0.02L/100L=2.0\times10^{-4}$$

B 的体积分数一般用来表示溶质为液体的一般溶液，若单独使用的溶液，可用量符号 φ_B，如 $\varphi(HNO_3)=5\%$，若作为某种标准溶液介质时，可不用量符号而直接叙述，如 "……其介质的体积分数为 5% 的 H_2SO_4 溶液"。

实训　法定计量单位的使用

练习可根据本地实际情况有目的的去生产企业、大型商业市场、科研院所等现场参观了解法定计量单位的应用情况，教师可以根据情况现场提问，问题可采用判断题和简答题的形式。

实训一　去参观现场察看有无法定计量单位书写不规范的内容，如不规范应该如何纠正。

实训二　向参观现场的工作人员提问，询问现场有的法定计量单位读法。

实训三　根据你参观了解的情况写出在某个单位应如何推行法定计量单位，使人人都会正确使用法定计量单位。

习　　题

一、选择题

1. 国际单位制的构成包括（　　）。
A. SI 导出单位　　　　B. SI 单位的倍数单位　　　　C. SI 基本单位
2. 国际单位制基本单位有（　　）个。
A. 6　　　B. 7　　　C. 5
3. 摩尔质量的 SI 制单位是（　　）。

A. mg/mmol　　　　B. g/mmol　　　　C. kg/mol

4. B 的物质的量浓度 SI 制单位是（　　　）。

A. mol/m³　　　　B. mol/L　　　　C. mol/mL

5. 把体积为 12.223mL 按 0.1mL 的修约区间修约，其修约数为（　　　）。

A. 12.2　　　B. 12.0　　　C. 12.22

二、判断题

1. 国际单位制基本单位米可以用符号 M 表示。（　　　）

2. min 是我国选定的法定计量单位。（　　　）

3. 量的符号都必须用斜体印刷。（　　　）

4. 单位符号一律用正体字母，除来源于人名的单位符号第一字母要大写外，其余均为小写字母。（　　　）

5. 摩尔气体常数（R）单位的符号是 J/(mol·K)，其单位名称读作"焦耳每摩尔开尔文"。（　　　）

6. 质量分数和体积分数无单位。（　　　）

7. 速度单位"米每秒"的法定符号可以用 ms⁻¹ 表示。（　　　）

三、计算题

1. 将热力学温度 $T = 293.15K$ 的单位"K"，换算成摄氏温度 t 的单位"℃"。

2. 把测量量值为 6.78mmHg，换算成以 Pa 为单位的值。

3. 已知硫酸的物质的量 $n(H_2SO_4) = 3.0mol$，求它的质量。

4. 将 222g 的 $CaCl_2$ 溶解在蒸馏水中，转移到 1L 容量瓶中，并稀释至刻度，求 $c(CaCl_2)$、$c(Ca^{2+})$、$c(Cl^-)$。

5. 分析质量为 7.5g 铁矿石样品，经分析测得其铁（Fe）的质量为 6.625g，求铁的质量分数。

第五章 标准与标准化法律

学习目标

1. 熟悉标准、标准化的基本概念，了解标准化的发展和作用。
2. 掌握标准的分类、标准代号和编号方法，了解标准体系。
3. 熟悉《中华人民共和国标准化法》的内容。

标准化是人类数千年来从事标准化实践活动的科学总结和理论概括，既来源于实践又高于实践，指导着人们当前和今后的标准化活动。所以，首先要弄清标准和标准化的概念、发展与作用。

第一节 标 准 概 述

一、标准和标准化的定义

1. 标准的定义

我国国家标准 GB/T 3935.1—1996《标准化和有关领域的通用术语第一部分：基本术语》把"标准"表述为："为在一定的范围内获得最佳秩序，对活动或其结果规定共同的和重复使用的规则、导则或特性的文件。该文件经协商一致制定并经一个公认机构的批准。"

2. 标准化的定义

我国国家标准 GB/T 20000.1—2002《标准化工作指南 第1部分：标准化和相关活动的通用词汇》把"标准化"表述为："为了在一定范围内获得最佳秩序，对现实问题或潜在问题制定共同使用和重复使用的条款的活动。"上述活动主要包括编制、发布和实施标准的过程。

① 标准化是一项有组织的活动过程。其主要活动内容就是制订标准，发布与实施标准，并对标准的实施进行监督检查，进而再修订标准，如此循环往复不断改进，螺旋式上升，每完成一次循环，标准化水平就提高一步。

② 标准化是一个包括制定标准、组织实施标准和对标准的实施进行监督或检查的过程。标准是标准化活动的成果，标准化的效能和目的都要通过制订和实施标准来体现。

③ 将标准大而化之、广而化之的行动就是标准化。标准化的效果，只有在标准付诸共同与重复实施之后才能表现出来。标准化的全部活动中，"化"即实施标准是个十分重要不容忽视的环节。

④ 标准化的对象和领域，在随着时间的推移不断地扩展和深化着。如过去只制订产品标准、技术标准，现在又要制定工作标准、管理标准；过去主要在工农业生产领域，现在已扩展到安全、卫生、环保、人口普查、行政管理等领域；过去只对实际问题进行标准化，现

在还要对潜在的问题实行标准化。

⑤ 标准化的目的就是为了在一定范围内获得最佳秩序。即追求效益最大化，通过建立最佳秩序来实现效益最大，使最佳秩序的实施范围最广。所以以标准化活动不能局限于一时一地的需求，而要追求其成果最大化。

二、标准化发展

人们对标准化工作的认识和重视，是通过长期社会实践活动逐步发展和深化的。

早在远古时代，根本没有标准或标准化可言。但是，随着生产的发展和社会的进步，人们就自觉地对一些广泛和重复出现事物产生了制定统一规范的要求。秦始皇统一中国后，规定"书同文、车同轨"，统一了货币、文字和度量衡，这是一次典型的全国范围内大规模推行标准化的活动。

近代标准化是在大机器工业基础上发展起来的。18 世纪，欧洲各国先后完成了以纺织机和蒸汽机的发明与使用为标志的工业革命。随着蒸汽机、火车、轮船等机器大工业的出现，人们对机器零部件的通用性与互换性的要求日益强烈，标准化也开始以崭新的面貌出现，成为工业生产必不可少的技术基础和必要条件。1906 年，在各国电器工业迅速发展的基础上成立了世界上最早的国际标准化团体——国际电工委员会（IEC），以协调各国电工电器产品的生产。1926 年，又决定成立国家标准化协会国际联合会（ISA）。到 1947 年 2月，重新成立国际标准化组织（ISO）。国际标准化迈入全面发展的阶段。

建国初期，我国基本上是参照前苏联的相应标准。1956 年，国务院决定由国家科学技术委员会（简称国家科委）负责主管全国标准化工作，截至 1958 年底，共颁布了我国自己的国家标准 124 个。1963 年，国家科委组织召开了第一次全国标准化工作会议，这次会议制定了我国 1963～1972 年标准化发展的十年规划，成立了标准化综合研究所和技术标准出版社，从而切实加强了我国的标准化管理工作。

文革期间，我国的标准化工作遭到严重冲击和破坏，一度处于停滞状态。十一届三中全会后，我国的标准化工作进入了一个全面发展阶段。1979 年 7 月，国务院批准颁发了《中华人民共和国标准化管理条例》，1988 年，国务院重新组建国家技术监督局，主管全国的标准化工作。1988 年 12 月，又颁发了《中华人民共和国标准化法》，从而使我国标准化工作的文件达到了完善的程度。截至 1993 年底，全国从事标准化的专业队伍达到 23000 多人（不包括企业），制定出包括国家标准、行业标准、地方标准以及企业标准在内的各类标准共14 万多个。

至此，我国的标准化工作进入到正常发展的、实行法制化管理的、与国际接轨的新阶段。

三、标准化作用

ISO/IEC 第 2 号指南在"标准化"术语的注解中明确提出"标准化的主要作用是在于改进产品、过程和服务的适用性，以便于技术协作，消除贸易壁垒。"此外，还可以实现品种控制、兼容互换、安全健康、环境保护和提高经济效益等目的。具体地说，标准化的主要作用表现在以下七个方面。

1. 标准化是现代化大生产的必要条件

现代化大生产是以先进的科学技术和生产的高度社会化为特征的。前者表现为生产过程的速度加快，质量提高，生产的连续性和节奏性等要求增强；后者表现为社会分工越来越细，各部门、各企业之间的联系更加紧密。两者都离不开标准化。

许多工业产品和工程建设往往需要几百个甚至成千上万个企业部门协作来完成。例如，一架喷气式飞机由二万多个零部件组成，还要有 5.7 万个标准件，25 万个铆钉，需要上千个企业协作生产才行。而美国"阿波罗"飞船，则要由二万多个协作单位生产完成。这样的生产方式必然要求在技术上和管理上保持高度的协调统一，要做到这一点，就要制定并严格执行各种标准，使有关的各个活动环节，各企业和各部门都能有机地联系起来，有条不紊地进行。

2. 标准化是合理发展产品品种、组织专业化生产的前提

专业化是社会化生产的必然发展趋势，也是提高劳动生产率的重要手段。其实质是把同类产品集中起来采用专门化高效率的技术装备，以取得高质量和高效率。而标准化工程的运用，可减少产品类型，稳定产品结构，扩大生产数量，从而摆脱批量的制约，促进新技术的应用和专业化水平的提高。

3. 标准化是企业实行科学管理和现代化管理的基础

现代生产讲的是效率，效率的内涵是效益。1798 年，美国人艾利·惠特尼在制造武器中运用标准化原理成批制造可以互换的武器零部件，为大规模生产开辟了新路。1911 年，科学管理的创始人泰勒又用标准化的方法制定了"标准时间"和"动作研究"，证明标准化可以大规模提高劳动生产率。

4. 标准化是提高产品质量，保障安全、卫生的技术保证

产品质量是指产品适合一定用途并能满足国家建设和人民生活需要所具备的质量特性。这些特性包括使用性能、寿命、可靠性、安全性和经济性五个方面。标准就是衡量这些质量特性的主要技术依据。没有了标准，或者有了标准不认真实施，产品质量往往得不到保证。

安全、卫生、环境保护方面的标准化工作虽然起步较晚，但已对人类的身体健康产生了显著的作用。《环境保护法》、《食品卫生法》等安全、环保和卫生方面的法律法规实施过程就是强制执行环保标准和食品卫生标准的标准化过程。如美国麦当劳、肯德基快餐在全球的迅猛发展，就依赖于食品卫生和饮食环境标准化。

5. 标准化可使国家资源得到合理利用

搞好木材制品、石油、煤炭、钢铁、水泥等产品的标准化工作，可使资源得到合理的利用，为国家节省大量资源。就以火柴这个小日用品来说，1961 年，把火柴梗长度标准定为 40mm，截面积缩小到 $1.96mm^2$（$1.4mm \times 1.4mm$），结果实施一年，就节省木材 5 万立方米，可供铺一条从北京到广州的铁路用枕木。

6. 标准化是推广新工艺、新技术、新科研成果的桥梁

标准化是科研与生产之间的桥梁，任何一种科研成果，只有当它被纳入标准贯彻到生产实践中去之后，才会得到迅速的推广和应用，否则就不能发挥应有的作用。

另一方面，我们还应通过引进先进标准大力推广先进技术。标准本身是各种技术和经验的结晶，采用和推行先进标准是难得的"技术转让"，国际标准中间包含了许多先进技术，

采用和推广国际标准是世界上一项重要的"技术转让"。这些先进标准起到了推广、应用国外先进技术的桥梁作用。

7. 标准化可以消除贸易障碍，促进国际贸易的发展

在国际贸易中，一种很重要的贸易壁垒就是技术壁垒，它主要是以商品质量标准和商品生产企业质量体系限制不需要的商品进口和限制销售。我国可以通过高的标准及其生产企业质量体系标准筑起技术壁垒限制不合格商品进口，保护我国利益；还可以通过采用国际标准和国外先进标准打破国外的技术壁垒，开拓我国商品销售的国际市场。

因此，标准化已成为 21 世纪必不可少的重要工具。

第二节　标准的分类和标准体系

一、标准的分类

标准的分类与分级是科学管理和信息交流所要求的。因为标准的类别较繁杂，不能只用一种分类法对所有的标准进行分类。所以可以按标准的目的和用途分类，也可以按层次和属性分类。

按标准审批权限和作用范围对标准进行分类的方法叫层级分类法。国际上有两级标准，即国际标准和区域性标准。根据《中华人民共和国标准化法》的规定，我国的标准化体系分为国家标准、行业标准、地方标准和企业标准等四个级别，在每一级中，根据标准的约束性又分为强制性标准和推荐性标准两种类型。

此外，根据标准的对象和性质，还可以将标准分为技术标准、管理标准、工作标准、行为标准（准则）等等。

现将我国标准化法中对国家标准、行业标准、地方标准和企业标准等四种级别的分类方法介绍如下。

1. 国家标准

根据中华人民共和国标准化法的规定，对需要在全国范围内统一的技术要求，应当制定为国家标准。

国家标准是我国标准体系中的主体，由国务院标准化行政主管部门制定。国家标准一经批准发布实施，与国家标准相重复的行业标准、地方标准即行废止。

国家技术监督局于 1990 年 8 月 24 日发布了《国家标准管理办法》，其中对国家标准所包含的内容作了如下明确规定。

① 通用的技术术语、符号、代号（含代码）、文件格式、制图方法等通用技术语言要求和互换配合要求。

② 保障人体健康和人身、财产安全的技术要求，包括产品的安全、卫生要求，生产、储存、运输和使用中的安全、卫生要求，工程建设的安全、卫生要求，环境保护的技术要求。

③ 基本原料、材料、燃料的技术要求。

④ 通用基础件的技术要求。

⑤ 通用的试验、检验方法。

⑥ 工农业生产、工程建设、信息、能源、资源和交通运输等通用的管理技术要求。

⑦ 工程建设的勘察、规划、设计、施工及验收的重要技术要求。

⑧ 国家需要控制的其他重要产品和工程建设的通用技术要求。

国家标准中的强制性标准，要求一切从事科研、生产、经营的单位和个人都必须严格执行。凡不符合强制性标准的产品，禁止生产、销售和进口，违者将依法处理。若法律或行政法规未作规定的，则由工商行政管理部门没收其产品和违法所得，并处以罚款；凡造成严重后果构成犯罪的，将对直接责任人员依法追究刑事责任。

下列国家标准属于强制性国家标准。

① 药品、农药、食品卫生、兽药国家标准。

② 产品及产品生产、储运和使用中的安全、卫生国家标准，劳动安全、卫生国家标准、运输安全国家标准。

③ 工程建设的质量、安全、卫生国家标准以及国家需要控制的其他工程建设国家标准。

④ 环境保护的污染物排放国家标准和环境质量国家标准。

⑤ 重要的涉及技术衔接的通用技术术语、符号、代号（含代码）、文件格式和制图方法国家标准。

⑥ 国家需要控制的通用的试验、检验方法国家标准。

⑦ 互换配合国家标准。

⑧ 国家需要控制的其他重要产品国家标准。

其他的国家标准属于推荐性国家标准。对于这类标准，由企业自行决定是否使用，但国家将采取优惠措施来鼓励企业采用。

国家标准的审批、编号和发布工作由国务院标准化行政主管部门负责。

2. 行业标准

所谓行业标准是对没有国家标准而又需要在全国某个行业范围内统一的技术要求所制定的标准。行业标准一般为基础性、通用性较强的标准，是我国标准体系中的主体，是专业性较强的标准。行业标准不得与有关的国家标准以及相应的国家法律相抵触，一旦有相应的国家标准实施，该行业标准即予以废止。

需要在行业内统一的下列技术要求，可以制定行业标准（含标准样品的制作）。

① 技术术语、符号、代号（含代码）、文件格式、制图方法等通用技术语言。

② 工农业产品的品种、规格、性能参数、质量指标、试验方法以及安全、卫生要求。

③ 工农业产品的设计、生产、检验、包装、贮存、运输、使用、维修方法以及生产、贮存、运输过程中的安全、卫生要求。

④ 通用零部件的技术要求。

⑤ 产品结构要素和互换配合要求。

⑥ 工程建设的勘察、规划、设计、施工及验收的技术要求和方法。

⑦ 信息、能源、资源、交通运输的技术要求及其管理技术要求。

行业标准也分为强制性标准和推荐性标准。下列行业标准属于强制性的。

① 食品卫生行业标准、药品行业标准、兽药行业标准、农药行业标准。

② 工农业产品及产品生产、储运和使用中的安全、卫生行业标准。

③ 工程建设质量、安全、卫生行业标准。

④ 重要的涉及技术衔接的技术术语、符号、代号（含代码）、文件格式和制图方法行业标准。

⑤ 互换配合行业标准。

⑥ 行业范围内需要控制的产品通用试验方法、检验方法和重要的工农业产品行业标准。

其他行业标准是推荐性行业标准。

行业标准由国务院有关行政主管部门制定、审批、编号和发布。

3. 地方标准

所谓地方标准是指没有国家标准和行业标准而又需要在省、自治区、直辖市范围内统一的技术要求所制定的标准（含标准样品的制作）。

有下列要求的可以制定地方标准。

① 工业产品的安全、卫生要求。

② 药品、食品卫生、兽药、环境保护、节约能源、种子等法律、法规规定的要求。

③ 其他法律、法规规定要求。

在地方标准中，凡属由当地（省、自治区、直辖市）政府标准化行政主管部门制定的，对工业产品的安全和卫生要求的地方标准，在本行政区域内为强制性标准。

地方标准不得违反有关法律、法规和强制性标准。

地方标准由省、自治区、直辖市标准化行政主管部门统一制定，并报国务院标准化行政主管部门和国务院有关行政主管部门备案。在公布国家标准或者行业标准后，该项地方标准即行废止。

4. 企业标准

企业标准化工作是企业科学管理的基础，其基本任务是执行国家有关标准化的法律、法规，实施国家标准、行业标准和地方标准、制定和实施企业标准，并对标准的实施进行检查。

所谓企业标准是指对企业范围内需要协调统一的技术要求，管理要求和工作要求所制定的标准。

企业标准是企业组织生产经营活动的依据。

企业标准分以下五种。

① 企业的产品在没有国家、行业、地方标准的情况下，制定的企业产品标准。

② 为提高产品质量和技术进步，制定的严于国家、行业或地方标准的企业产品标准。

③ 对国家标准、行业标准的选择或补充的标准。

④ 工艺、工装、半成品和方法标准。

⑤ 生产、经营活动中的管理标准和工作标准。

企业标准由企业制定，由企业法人代表或法人代表授权的主管领导批准、发布，由法人代表授权的部门统一管理。报当地政府标准化行政主管部门和有关行政主管部门备案。

企业在自行制定企业内部标准时，一定做到各标准协调一致，但又不能与国家和地方的有关方针、政策、法律、法规以及国家、行业和地方标准相抵触。

需要指出的是标准本身的高低并不一定与标准的级别成正比。换句话也就是说，企业标准不一定就比国家标准要求低。这是因为国家标准主要是根据总体最优的原则，从全国宏观角度出发来制定的，它不一定是某个企业的最优边界。因此，有的企业为保证产品质量和技术进步，对某些产品制定了在国家标准基础上、甚至某些项目高于国家标准的企业内控标准。现以过硫酸铵为例，国家标准中并没有规定对酸度值的控制，但实践证明，如果该产品的酸度较大，容易导致产品不稳定，因而北京化工厂在本厂执行的内控标准中增加了酸度控制项，从而使该产品的总体质量达到了世界先进水平。

二、标准的代号和编号

标准的代号与编号由于标准的级别与层次不同，而有不同的规定。尽管在我国的标准化体系中只有四个级别，但是每一级的标准所包含的数量却是很多的，有的数以万计。为了便于管理标准和实施标准，根据我国国家技术监督局的规定，每一个标准都必须按照规定的格式进行编号。

1. 国家标准的代号与编号

（1）国家标准的代号　我国国家标准的代号由大写的汉语拼音字母构成。其中，强制性国家标准的代号为"GB"，推荐性国家标准的代号为"GB/T"。

（2）国家标准的编号　国家标准的编号由国家标准的代号、国家标准发布的顺序号和国家标准发布的年号构成。

强制性国家标准的代号和编号

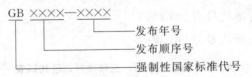

推荐性国家标准代号和编号

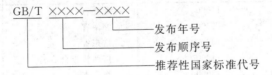

例如：

食用植物油卫生标准为强制性国家标准，其标准号为 GB 2716—2005；

工业用甲醇标准也是一种强制性国家标准，其标准号为 GB 338—2004；

食品卫生微生物学检验标准是一种推荐性国家标准，其标准号为 GB/T 4789—2003；

金属和合金的腐蚀　盐溶液周浸试验也是一种推荐性国家标准，其标准号为 GB/T 19746—2005。

2. 行业标准的代号和编号

（1）行业标准的代号　各行业标准的代号，按国务院标准化行政管理部门规定，目前已公布的行业标准代号和主管部门见附录。

例如化工行业标准代码为 HG，煤炭工业标准代码为 MT，邮电部门标准代码为 YD，农业标准代码为 NY，教育部门标准代码为 JY，医药行业代码为 YY 等等。

（2）行业标准的编号　行业标准的编号由行业标准的代号，标准顺序号及标准年号组成。与国家标准编号区别在代号上。其格式如下。

强制性行业标准的代号和编号

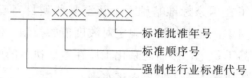

推荐性行业标准代号和编号

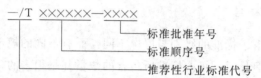

例如，乙酰甲胺磷乳油所采用的标准为强制性行业标准，其编号为　HG 2212—2003；水处理剂结晶氯化铝所采用的标准为推荐性行业标准，其编号为　HG/T 3541—2003。

3. 地方标准的代号和编号

（1）地方标准的代号　强制性地方标准的代号由汉语拼音字母"DB"加上该行政区（省、自治区、直辖市）代码（前二位）再加上斜线组成。对于推荐性地方标准，则在斜线下方加字母"T"以示区别。

各省、自治区、直辖市行政区代码如表 5-1 所示。

例如：北京市强制性地方标准代号为 DB 11/

北京市推荐性地方标准代号为 DB 11/T

浙江省强制性地方标准代号为 DB 33/

表 5-1　省、自治区、直辖市行政区代码表

名　称	代　码	名　称	代　码
北京市	110000	湖北省	420000
天津市	120000	湖南省	430000
河北省	130000	广东省	440000
山西省	140000	广西壮族自治区	450000
内蒙古自治区	150000	海南省	460000
辽宁省	210000	四川省	510000
吉林省	220000	贵州省	520000
黑龙江省	230000	云南省	530000
上海市	310000	西藏自治区	540000
江苏省	320000	重庆市	（暂缺）
浙江省	330000	陕西省	610000
安徽省	340000	甘肃省	620000
福建省	350000	青海省	630000
江西省	360000	宁夏回族自治区	640000
山东省	370000	新疆维吾尔自治区	650000
河南省	410000	台湾省	710000

如果属于省、直辖市、自治区以下的地方（如地、市、县等）标其行政区代码则用前四

位数字表示，例如山西省太原市推荐性地方标准代号为 DB 1401/T。

（2）地方标准的编号 地方标准的编号由地方标准代号、地方标准顺序号和发布年号组成。

强制性地方标准代号和编号

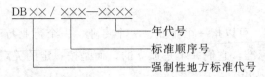

推荐性地方标准代号和编号

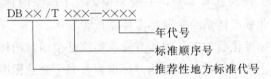

例如：由北京市某化工企业生产的杀鼠迷毒饵，其标准的编号为

DB 11/024—1992　　杀鼠迷毒饵

读者不难看出，该标准是由北京市于 1992 年发布的强制性地方标准，标准顺序号为 024。

应予指出，由于化学工业所生产的产品多数具有易燃、易爆、有毒等特性，因此，有关化工方面的标准往往交行业部门统管，由地方制定化工产品标准、特别是制定推荐性标准的情况比较少见。为了使读者便于加深理解，下面引用由辽宁省制定并发布的"电弧炉炼钢耗电标准"和"企业电能平衡导则"两个推荐性标准作为例子，它们的编号分别为：

DB 21/T 316—1990　　电弧炉炼钢耗电标准
DB 21/T 323—1990　　企业电能平衡导则

4. 企业标准的代号和编号

（1）企业标准的代号 企业标准的代号为"Q"。某企业的企业标准的代号由企业标准代号 Q 加斜线，再加企业代号组成。其格式如下。

其中的企业代号可以用汉语拼音或阿拉伯数字或两者兼用组成。企业代号按中央所属企业和地方企业分别由国务院有关行政主管部门和省、自治区、直辖市政府标准化行政主管部门会同同级有关行政主管部门规定。

（2）企业标准的编号 企业标准的编号方法基本上和前几种标准的编号方法相同，但必须用企业标准代号"Q"以及企业的代号来标识。

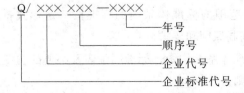

三、标准体系和标准体系表

一定范围内标准按其内在联系形成的科学有机整体称之为标准体系（GB/T 13016—91）。而把该标准体系内的标准按一定规则和形式排列成的图表，就是标准体系表。它是标准体系的表述形式。

这里的"一定范围"，可以指一个企业、一个专业、一个行业乃至全国。"内在联系"指的是指定范围内的各个标准，它们并不是孤立的，而是按一定的关系有机地联系在一起的。

1. 标准体系的层次结构

标准体系是标准化工程的基本要素，一般来说，一个国家的标准体系包括国家标准体系、行业标准体系、专业标准体系与企业标准体系四个层次。

与实现一个国家的标准化目的有关的所有标准形成这个国家的标准体系。我国的国家标准体系是以国家标准为主体，行业标准与地方标准为补充，企业标准为基础的标准体系。它反映了我国标准化的水平。

与实现某个行业的标准化目的有关的标准形成该行业的标准体系。行业是生产同类产品或提供同类服务的经济活动基本单位的总和。

与实现某个专业的标准化目的有关的标准形成该行业的标准体系。

企业内的标准按其内在联系形成的科学有机整体就是企业标准体系（GB/T 13017—1995）。显然，某企业（或事业）单位的标准体系应该受该企业（或事业）单位所在国家、行业及专业标准体系的制约，但它可以直接采用相关的国际标准与国外先进标准，因此，企业标准体系的水平可以也应提倡高于国家、行业或专业标准体系的水平。

它们的层次结构示意图如图 5-1。

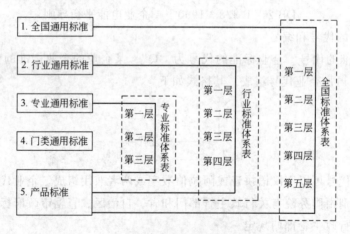

图 5-1　全国、行业和专业标准体系层次示意图

2. 标准体系表及其编制原则

标准体系表是"一定范围的标准体系内的标准按一定形式排列起来的图表"（GB/T 13016—91《标准体系表编制原则和要求》）。

标准体系表一般由标准体系结构图、标准明细表及必要的文字说明，汇总表构成。编制标准体系表要遵循下列原则。

（1）全面成套　标准体系表内所列的标准应是在一定时期内能够制定，同时又有条件制定的标准。对于促进技术进步和生产发展有重大作用的，只要创造条件又能制定的标准，力求全面成套。只有全，才能充分体现体系的整体性。

（2）层次恰当　根据标准的适用范围，恰当地将标准安排在不同的层次上，应在大范围内协调统一的标准不应在数个小范围内各自制订，达到体系组成尽量合理简化。

（3）划分明确　标准的归属关系（即应属于哪个行业、专业或门类）应按社会经济活动的同一性原则划分明确，而不是按照行政管理系统进行划分，以避免标准在各行业、专业内的重复制定和有的标准无人制定的现象。同一标准不能同时列入二个以上体系或分体系内，以避免同一标准由两个以上单位同时重复制定；要按标准的特点划分，而不是按产品或服务的特点划分，以免把标准体系表编成产品或服务的分类表。

（4）科学先进　标准体系表中已有的标准均应是现行有效的标准，采用国际标准和国外先进标准的或严于上级标准的标准数量较多，今后二三年内要制定的标准项目符合客观发展需要，能起到指导标准化工作的作用。

（5）简便易懂　标准体系表的表现形式应简便明了、通俗易懂，不深奥也不繁杂。不仅要标准化专业人员能理解掌握，而且要使有关管理人员也能看懂应用。

全国通用综合性基础标准体系表

内　容　名　称	内　容　名　称
标准化工作导则体系	技术制图标准体系
术语标准体系	信息分类编码标准体系
图形符号标准体系	通用理化分析方法标准体系
量和单位标准体系	统计方法标准体系
数与数系标准体系	环境条件与试验方法标准体系

各行业标准体系表

商　　业	地质、矿业	仪器、仪表
金融	煤炭	工程建设
广播电视	石油	建材
农业	水利	交通
林业	核工业	铁道
畜牧业	化工	民航
水产、渔业	冶金	船舶
烟草	机械	航空、航天
医药	电工	纺织
医疗器械、医疗	电子	食品
仪器与设备	通讯、邮政	轻工

各专业标准体系表

企业标准体系表

图 5-2　全国标准体系表层次结构图

（6）实用有效　标准体系表要既能反映行业、专业或企业的客观实际情况，同时又行之有效，即付诸实施后能产生较明显的标准化经济效益。

3. 标准体系表的层次结构

全国标准体系表由若干个行业标准体系表组成，行业标准体系表又由若干个专业标准体系表组成。行业、专业标准体系表一般由一个总层次结构方框图和若干个与各方框相对应的标准明细表组成。

企业标准体系表是国家、行业、专业标准体系的落脚点，国家标准、行业标准都要在企业标准体系表中得到贯彻。这样就组成了一个全国标准体系表的层次结构图，如图 5-2 所示。

4. 行业和专业标准体系表

20 世纪 70 年代中期，我国电子行业标准化部门首先开始有组织地研究和编制电子行业标准体系表，历经近十年，到 80 年代中期完成，尔后迅速推广到其他行业，至今已基本完成了各大、中、小行业的标准体系表。

行业和专业标准体系表中的标准明细表一般均按层次或类别依次陈列，其格式参见表 5-2。

表 5-2　标准明细表

序　号	标准类别	标　准　号	标准名称	采标程度	备　注

注：对未制定的标准可不填标准号。

标准体系表应有简单的编制说明，其内容一般包括：

① 标准体系表的编制依据及要达到的目标。

② 国内、外相关标准的概况。

③ 与国内外标准水平对比分析，找出差距和薄弱环节，明确今后标准化工作方向。

④ 专业划分依据及标准分类情况。

⑤ 与其他标准体系的交叉、协调情况等。

5. 企业标准体系表

企业标准体系表是促进企事业单位的标准组成达到科学完整的基础，是推进企业产品开

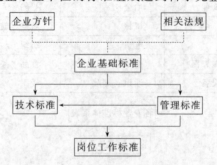

图 5-3　企业标准体系层次结构图

发、优化生产经营管理、加速技术进步和提高经济效益标准化的指导性技术文件。

研究和编制企业标准体系表是企业标准化的一项基础性科研工作。企业标准体系表一般由企业标准体系结构图、标准明细表、统计汇总表及编制说明构成。企业标准体系结构图一般由两种层次结构图表述（见图 5-3）。标准明细表、统计汇总表及编制说明可以与行业标准体系表相同，也可由企业自行设计确定。

第三节　中华人民共和国标准化法

一、标准化的法制管理

在人类的社会活动中，有许多规章制度，虽然人们在理论上承认其重要性和必要性，但不一定把它变成一种自觉的行动去遵守和维护。在标准化领域也是如此，特别是在某些生产和流通环节中，那种以个人和局部利益为出发点，有标准而不执行，有章不循，甚至以次充好、以假乱真的情况还时有发生。他们的行为往往严重地侵害了他人或社会的利益，造成极大的危害。

为了使标准化在国民经济技术领域中的导向和调控作用得到更好地发挥，使消费者和社会的利益得到更好地保证，1988 年 12 月 29 日，由第七届全国人民代表大会常务委员会第五次会议讨论通过了《中华人民共和国标准化法》（以下简称《标准化法》），并于 1989 年 4 月 1 日发布实施。这样我国的标准化工作就被纳入了法制管理的轨道。

根据《标准化法》的规定，我国的标准将按照其不同的适用范围，实施国家标准、行业标准、地方标准和企业标准的四级管理体制。

为了更好地贯彻和实施《标准化法》，国务院于 1990 年 4 月 6 日又发布了《中华人民共和国标准化法实施条例》。这一条例对《标准化法》进行了具体化和补充。现把各级标准化行政管理部门职责的有关规定列举如下。

1. 国务院标准化行政主管部门

国务院标准化行政主管部门统一管理全国标准化工作，履行下列职责。

① 组织贯彻国家有关标准化工作的法规、方针、政策。

② 组织制定全国标准化工作规划、计划。

③ 组织制定国家标准。

④ 指导国务院有关行政主管部门和省、自治区、直辖市人民政府标准化行政主管部门的标准化工作，协调和处理有关标准化工作问题。

⑤ 组织实施标准。

⑥ 对标准的实施情况进行监督检查。

⑦ 统一管理全国的产品质量认证工作。

⑧ 统一负责对有关国际标准化组织的业务联系。

2. 国务院有关行政主管部门

国务院有关行政主管部门分工管理本部门、本行业的标准化工作，履行下列职责。

① 贯彻国家标准化工作的法规、方针、政策，并制定在本部门、本行业实施的具体

办法。

②制定本部门、本行业的标准化工作规则计划。

③承担国家下达的草拟国家标准的任务，组织制定行业标准。

④指导省、自治区、直辖市有关行政主管部门的标准化工作。

⑤组织本部门、本行业实施标准。

⑥对标准实施情况进行监督检查。

⑦经国务院标准化行政主管部门授权，分工管理本行业的产品质量认证工作。

3. 省、自治区、直辖市人民政府标准化行政主管部门

省、自治区、直辖市人民政府标准化行政主管部门统一管理行政区域的标准化工作，履行下列职责。

①贯彻国家标准化工作的法规、方针、政策，并制定在本行政区域实施的具体办法。

②制定地方标准化工作规则、计划。

③组织制定地方标准。

④指导本行政区域有关行政主管部门的标准化工作，协调和处理有关标准化工作问题。

⑤在本行政区域组织实施标准。

⑥对标准实施情况进行监督检查。

4. 省、自治区、直辖市有关行政主管部门

省、自治区、直辖市有关行政主管部门分工管理本行政区域内本部门、本行业的标准化工作，履行下列职责。

①贯彻国家和本部门、本行业、本行政区域标准化工作的法规、方针、政策，并制定实施的具体办法。

②制定本行政区域内本部门、本行业的标准化工作规划、计划。

③承担省、自治区、直辖市人民政府下达的草拟地方标准的任务。

④在本行政区域内组织本部门、本行业实施标准。

⑤对标准实施情况进行监督检查。

除了对以上所列的各级标准主管部门的职责作出规定外，在《标准化法》中，还对标准的贯彻执行，以及在执行标准过程中发现有违反行为的法律责任等作了明确的规定。

只有我们大家自觉地遵守和维护《标准化法》，才能把我国的标准化工作推向深入。

二、《中华人民共和国标准化法》简介

《标准化法》分为总则、标准的制定、标准的实施、法律责任及附则五个部分共 26 条，现把其主要内容介绍如下。

1. 总则

总则主要规定了制定《标准化法》的目的、制定标准的范围、标准化工作的任务和管理体制，同时还明确规定了积极采用国际标准的方针和标准化工作的分级管理。

总则中第二条规定对下列需要统一的技术要求，应当制定标准。

①工业产品的品种、规格、质量、等级或者安全、卫生要求。

②工业产品的设计、生产、检验、包装、储存、运输、使用的方法或者生产、储存、

运输过程中的安全、卫生要求。

③ 有关环境保护的各项技术要求和检验方法。

④ 建设工程的设计、施工方法和安全要求。

⑤ 有关工业生产、工程建设和环境保护的技术术语、符号、代号和制图方法、互换配合要求。

除了上述范围外，《标准化法》还规定国务院可以在《标准化法实施条例》中规定一些重要的农产品和其他需要制定标准的项目。如农业产品的品种、规格、质量、等级、检验、包装、储存、运输及生产、管理技术和信息、能源、资源、交通运输的技术要求。

总则中第三条规定我国标准化工作的任务是制定标准、组织实施标准和对标准的实施进行监督。这就使我国标准化工作者有了明确的工作方向和工作范围。

总则第四条规定"国家鼓励积极采用国际标准"，说明采用国际标准已是我国法定的技术政策。

总则中第五条规定国务院标准化行政主管部门统一管理全国标准化工作。国务院有关行政主管部门分工管理本部门、本行业的标准化工作。

省、自治区、直辖市标准化行政主管部门统一管理本行政区域的标准化工作。省、自治区、直辖市政府有关行政主管部门分工管理本行政区域内本部门、本行业的标准化工作。

市、县标准化行政主管部门和有关行政主管部门，按照省、自治区、直辖市政府规定的各自的职责，管理本行政区域内的标准化工作。

这条规定说明我国标准化工作的管理体制是实行统一领导、分级管理和分工负责的体制。

"标准化工作应当纳入国民经济和社会发展计划"的规定必将有力地督促各级政府重视标准化工作，并为标准化工作认真实施提供人、财、物诸方面的保证。

2. 标准的制定

《标准化法》第二章标准的制定规定了我国的标准体制、标准的性质以及制定标准的原则等内容。

《标准化法》规定我国的标准体制是以国家标准为主体，行业标准、地方标准、企业标准为补充的标准体制。

国家标准是在全国范围内统一使用的标准，它们涉及面广，影响大，对全国经济发展和技术进步有重要作用。国家标准由国务院标准化行政主管部门制定。

对没有国家标准而又需要在全国某个行业范围内统一的技术要求，可以制定行业标准。行业标准由国务院有关行政主管部门制定，并报国务院标准化行政部门备案，但在公布国家标准之后，该项行业标准即行废止。

对没有国家标准和行业标准而又需要在省、自治区、直辖市范围内统一的工业产品的安全、卫生要求，可以制定地方标准。地方标准由省级政府标准化行政主管部门制定，并报国务院标准化行政主管部门和国务院有关行政部门备案，在公布国家标准或者行业标准之后，该项地方标准即行废止。

企业标准是指某个企、事业单位自行制定、审批和发布的标准。企业生产的产品没有国家标准和行业标准的，应制定企业标准，作为组织生产的依据。企业的产品标准必须报当地政府标准化行政主管部门和国务院有关行政主管部门备案，同时鼓励企业制定严于现行国家标准或行业标准的企业标准。

《标准化法》规定我国的国家标准和行业标准分为强制性标准和推荐性标准。保障人体健康、人身、财产安全的标准和法律、法规规定强制执行的标准是强制性标准。省级标准化行政部门制定的工业产品安全、卫生要求方面地方标准，在本行政区域内也是强制性标准，其他标准则是推荐性标准。

《标准化法》在第二章中规定制定标准应遵循四个原则，概括地说是"四个有利、三个做到、二个保护、一个符合。"

"四个有利"即有利于保障安全和人民的身体健康；有利于合理利用国家资源，推广科技成果，提高经济效益；有利于产品的通用互换；有利于促进对外经济技术合作和对外贸易。

"三个做到"即做到技术上先进，经济上合理，并与有关标准协调配套。

"二个保护"即要保护消费者利益；保护环境。

"一符合"即要符合使用要求。

《标准化法》在第二章中还规定制定标准的部门应当组织由专家组成的标准化技术委员会，负责标准的起草和审查工作，并发挥行业协会、科学研究机构和学术团体的作用，从而保证标准的质量。

此外，还规定了应当根据科学技术的发展和经济建设的需要适时对标准进行复审，以确认该标准继续有效或者予以修订、废止。

3. 标准的实施

《标准化法》第三章标准的实施主要规定了标准实施的方式与标准实施的监督检查等内容。

《标准化法》对强制性标准和推荐性标准规定了不同的实施方式。对强制性标准，必须执行，不符合强制性标准的产品，禁止生产、销售和进口；而对推荐性标准，国家鼓励企业自愿采用，不作为监督检查的依据。

《标准化法》规定了我国要推行产品质量认证制度。经认证合格的产品，由认证部门授予认证证书，准许在产品或者其包装上使用规定的认证标志。而未经认证或者认证不合格的产品不得使用认证标志出厂销售，即使已经取得认证证书的产品，在不符合标准时也不得使用认证标志出厂销售。

《标准化法》还规定企业研制新产品、改进产品、进行技术改造时应当符合标准化要求。而对出口产品的技术要求，依照合同的约定执行。

《标准化法》明确规定县级以上政府标准化行政部门负责对标准的实施进行监督检查，并可根据需要设置检验机构，或授权其他单位的检验机构，对产品是否符合标准进行检验。

4. 法律责任

《标准化法》第四章法律责任规定了对主要违法行为的处罚，处罚的机关、对处罚不服的起诉程序，以及对执法人员违法失职的处罚。

对生产、销售、进口不符合强制性标准的产品的违法行为要没收产品和违法所得，并处罚款；造成严重后果构成犯罪的，对直接责任人员依法追究刑事责任。

已经授予认证证书的产品不符合标准而使用认证标志出厂销售的，由标准化行政主管部门责令停止销售，并处罚款；情节严重的，由认证部门撤销其认证证书。产品未经认证或者认证不合格而擅自使用认证标志出厂销售的，由标准化行政部门责令停止销售，并处罚款。

标准化工作的监督、检验、管理人员违法失职、徇私舞弊的，要给予行政处分；构成犯罪的，依法追究刑事责任。

对处罚不服的当事人，可以在接到处罚通知之日起十五天内，向作出处罚决定的机关的上一级机关申请复议或直接向人民法院起诉。对复议决定不服的，可以在接到复议之日起十五天内，向人民法院起诉。但是当事人逾期不申请复议或者不向人民法院起诉又不履行处罚决定的，由作出处罚决定的机关申请人民法院强制执行。

5. 附则

《标准化法》规定了此法实施条例由国务院制定，并决定了《标准化法》自 1989 年 4 月 1 日起施行。

我国第一部《标准化法》虽然制定得较晚，但却是一部基本先进合理、切实可行的标准化法律。

2001 年 11 月，我国加入了世界贸易组织（WTO），这一方面预示着我国将在更广的范围和更深的程度融入经济全球化进程；另一方面也意味着关税壁垒、进口许可证、配额限制等措施和不符合国民待遇要求的保护性政策，都将随着过渡期的结束而被取消。这同时要求我国《标准化法》的内容要与 WTO/TBT 的规定协调一致。如进一步使标准的制（修）订和实施更加公开、公正、公平、透明。使国内外企业在标准面前一视同仁、公开、公平、公正地竞争；进一步推动采用国际标准等等。

习　　题

一、选择题

1. 国际标准化组织（ISO）是在（　　　　）成立的。

A. 1926 年 7 月　　　　B. 1947 年 2 月　　　　C. 1988 年 12 月　　　　D. 1989 年 4 月

2. 我国的标准体系分为（　　）个级别。

A. 三　　　B. 四　　　C. 五　　　D. 六

3. 国家标准一经批准发布实施，与国家标准相重复的行业标准、地方标准（　　　）。

A. 可以继续使用　　　B. 使用一段时间后再废止　　　C. 即行废止

4. 下列标准属于推荐性标准的是（　　　）。

A. GB/T　　　　B. gb/t　　　C. GB　　　　D. DB/T

5. 企业标准代号用（　　）表示。

A. HG　　　B. GB　　　C. DB　　　D. Q

6. 一切从事科研、生产、经营的单位和个人（　　　）执行国家标准中的强制性标准。

A. 必须　　B. 不必　　　C. 选择性

7. 企业标准由（　　）制定，报当地政府标准化行政主管部门备案。

A. 国家　　　B. 行业　　　C. 地方　　　D. 企业

8. 化工行业的标准代号是（　　　）。

A. MY　　　　B. HG　　　　C. YY　　　　D. HY

9. 《中华人民共和国标准化法》于（　　　）发布实施。

A. 1988 年 12 月 29 日　　　　B. 1949 年 10 月 30 日

C. 1989 年 4 月 1 日　　　　D. 1990 年 4 月 6 日

二、判断题

1. 标准和标准化都是为在一定范围内获得最佳秩序而进行的一项有组织的活动。（　　　）

2. 标准化的活动内容指的是制订标准、发布标准与实施标准。当标准得以实施后，标准化活动也就结束了。（　　　）

3. 标准化的目的是为了在一定范围内获得最佳秩序。（　　　）

4. 根据标准的对象和性质可以将标准分为技术标准、管理标准、工作标准和行为标准。（　　　）

5. 强制性标准由企业自行决定是否使用，但国家鼓励企业采用。（　　　）

6. 企业标准一定要比国家标准要求低，否则国家将废除该企业标准。（　　　）

7. 我国标准化工作的管理体制是实行统一领导、分级管理和分工负责的体制。（　　　）

8. 国家标准是我国标准体系中的主体，由国务院标准化行政主管部门制定。（　　　）

9. 标准体系表是把标准体系内的标准按一定规则和形式排列成的图表。（　　　）

10. 国际上有两级标准，分别是推荐性标准和强制性标准。（　　　）

三、简答题

1. 标准化有哪些作用？

2. 编制标准体系表要遵循哪些原则？

3. 简述各级标准化行政管理部门的职责。

第六章　标准的制定与实施

学习目标

1. 了解标准制定原则和程序、标准编写格式。
2. 熟悉贯彻实施标准的一般工作程序。
3. 熟悉企业标准化工作过程。
4. 掌握标准情报检索方法。

制定标准是标准化工作过程中的首要环节，也是标准化管理的起点。推行标准化管理，首先要有先进的标准，要有科学合理的标准体系，这是标准化工程的物质基础。因此，首先要重视和做好各类标准的制定（修订）、审定和发布工作。

第一节　制定标准的原则和程序

制定标准是一项政策性、技术性和经济性都很强的工作。一个标准制定得是否先进合理，切实可行，直接影响到该标准的实施效果，影响到社会经济效益。因此，制定标准时，必须认真遵循一定的原则和程序。

一、制定与修订标准的一般原则

1. 系统原则

系统原则是指在制定与修订标准时，以系统分解和组合为指导，不只对个别事物加以分析，也要对与个别事物有关的各体系进行分析，从中提炼出体系所共有的特性及要求，保持体系的一致性，以保证体系的最佳综合效益。

2. 标准的先进性和合理性原则

标准的先进性，就是采用国际标准和国外先进标准。这些标准综合了当今许多先进的科技成果，反映了目前世界上较先进的技术水平。采用这样的标准，将促进我国科学技术水平的提高，增强我国产品在国际市场上的竞争能力，对扩大外贸出口会发挥重要作用。

制定和修订标准时，不仅要考虑到技术的先进性，还应当注重经济的合理性，即应当在提高产品质量的前提下，力求降低成本。

3. 优化原则

优化原则是指要达到最佳的标准化效益。为此，在制定、修订标准时，应尽可能使之达到简化、统一化、组合化和系列化的要求。

（1）简化　简化的目的是使标准化对象的功能增加，性能提高。其实施方法是在制定标准时有意识地控制产品的品种规格，减少不必要的重复和功能低下的产品品种，使产品形式和结构更加合理精炼，同时也为开发新型产品创造条件。它一般是在标准化对象发展到一定规模后，为防止形成复杂的产品品种和规格而进行的。

（2）统一化　统一化的本质是使标准化对象始终保持一致。在运用统一化工作时，要善于掌握适时和适度的原则。

所谓适时，就是在统一化工作中选择的时机要准确，既不能过早，也不能过迟。标准制定得过早，由于客观事物的矛盾还没有充分暴露，人们的实践经验也不丰富，制定出来的标准就容易缺乏充分的科学依据；标准制定得过迟，由于事物向多样化的自由发展，又会出现许多不必要的不合理的品种、规格，并会使功能低劣的品种类型合法化。实践证明，制定标准的时机最好是在标准化对象的技术较稳定、经济性较好的时候。

所谓适度，就是合理确定统一的范围和水平，从我国的实际情况出发，适当地规定每项要求的定量界限，从而使标准化工作不断地向更高层次发展。

（3）组合化　组合化是设计出若干组通用性强的单元，根据实际需要从中选取一部分，组合成各种不同的产品，以满足各种条件的变化和要求。实行组合化的关键因素是提高组合单元的通用性和互换性。

（4）系列化　系列化是指按最佳数列科学排列的方法对产品进行分档或分级，防止形成杂乱无章的标准。

4. 协调原则

协调原则是指在制定、修订标准时，使标准化对象所有相关的要素相互协调一致。协调的内容既有标准化对象的各个大的方面，也有具体参数间的协调，包括概念之间，各种有关标准之间，以及部门、企业之间的协调。

协调原则的具体体现之一是要遵循标准级别之间的从属关系。例如，企业生产的产品，凡是有强制性国家标准、行业标准以及地方标准的，必须按照相关强制性标准来组织生产；如果没有对应的强制性标准，就应当尽可能采用有关推荐性标准。其次是要保持企业内部各标准之间的协调一致，形成和谐的标准化体系。

5. 协商原则

在制定、修订标准时，要注意协商一致。在制定、修订标准的过程中，人们会对标准的内容提出各不相同的要求和意见，这就需要各方面协商，求大同存小异，使标准得到很好的贯彻实施。但是，协商绝不是无原则的妥协，必须善于发挥标准化的导向和调控作用，激励先进，带动后进，以达到普遍提高我国科学技术水平的目的。

二、制定标准的程序

标准的制定和修订有一定的工作程序，只有严格地遵循这些程序，才能保证标准的质量。

1. 确定标准项目与计划

标准项目的确定应用科学的方法来研究决定，根据国内外标准化工作的实践，一般应从以下三个方面考虑。

① 社会生产和活动实践的客观需要。

② 制定国家标准、行业标准时，应符合相关国家标准体系、行业标准体系表的规定要求。

③ 符合标准化工作规划和标准化计划的要求。

标准化工作的规划和标准化计划是在总结过去的基础上，立足现在、展望并预测未来标准化工作的客观需要，拟定目标，安排任务，制定措施后编制出来的。

标准化工作规划一般按三年或五年编制，标准化工作计划一般按年度编制，其内容包括纲要（或说明），标准制（修）订或实施项目和措施等三个部分。

在确定制（修）订标准项目后，应纳入国家、行业或企业的工作计划并付诸实施。

2. 组织标准制（修）订工作组

制（修）订标准的项目确定后，有关主管部门和负责起草单位应根据工作量的大小和难易程度组成一个数量适当的标准制（修）订工作组，并与其签订合同，修订标准。

工作组一般由生产、使用、研究部门或高等院校的代表组成。这些代表应该是熟悉标准化对象，掌握其专业技术和标准化技术的人员。

3. 认真调研，编制工作方案

工作组成立后的第一项工作就是调查研究，摸清情况，这是制（修）订工作方案的基础。

工作组必须深入到具有代表性的科研、生产、管理、流通、使用等单位，全面收集资料，科研成果和生产或工作实践中的技术数据、统计资料等，收集相应的国际标准和国外的先进标准，充分掌握标准化对象的国内外现状和发展方向、使用要求。并在做好上述调研的基础上，编制出切实可行的工作方案。

工作方案一般包括以下内容：

① 项目名称；

② 任务要点；

③ 国内外相应标准及有关科学技术成果的简要说明；

④ 工作步骤及计划进度；

⑤ 参加的工作单位及分工；

⑥ 制（修）订标准过程中可能出现的主要问题及解决措施；

⑦标准化技术经济效果预测；

⑧ 经费预算。

4. 编制标准草案（征求意见稿）

标准的指标必须建立在科学的基础上，因此必须进行认真的试验验证，确保标准的质量。在完成试验后，根据调查研究的资料和市场或用户要求就可以进行标准草案的编写工作了。

5. 广泛征求意见，确定标准送审稿及其《编制说明书》

为了使标准制（修）订得切实可行，有较高的质量水平，应将标准草案（征求意见稿）发送有关部门，广泛征求意见；也可以召开专门的征求意见座谈会，征求有关人员的意见，对个别重点单位或专家还可以派人专程前往，当面征求意见。

标准制订工作组收到各方面意见后应分类整理，分析研究，采纳合理的意见，对不正确的意见作出解释，对难以确定取舍的分歧意见可作为一个专题研究审查或再次征求有关方面的意见，进行协商，最后确定标准送审稿。

在发送标准草案时，应同时发送《编制说明书》。其内容一般包括：

① 标准项目来源，工作的简要过程；

② 标准编制原则，该标准与现行法规及有关标准之间的关系；

③ 该标准主要内容的确定依据，重要问题的解释说明；

④ 主要的试验分析、技术经济效果预测与论证情况；

⑤ 重大分歧意见的处理经过和依据；

⑥ 贯彻标准的要求和措施建议；

⑦ 参考文件资料目录等。

6. 审查、审定标准，编写标准报批稿与有关报批附件

标准的审查或审定是保证标准质量、提高标准水平的重要程序。审查或审定标准主要从以下六个方面考虑：

① 标准的规定是否与我国现行有关法令、法规及相关标准和谐一致；

② 标准中的内容是否采用了有关的国际标准和国外先进标准；

③ 标准的规定是否有充分的依据，是否在试验研究和总结实践经验的基础上确定的，是否完整齐全；

④ 各方面的意见是否得到协调解决；

⑤ 贯彻标准的要求，措施建议和过渡办法是否适当；

⑥ 标准的编写是否符合 GB/T 1.1—2000《标准化工作导则　标准的结构和编写规则》中各项规定。

审查要认真听取各方面意见，按科学办事，用数据说话，切忌以权势压制不同意见。

7. 标准的批准和发布

标准必须经过主管机关审批、发布才有效力。标准报批稿及报批所需的各项文件准备好后，应根据标准的级别，按《标准化法》规定的审批权限，报送相应的标准化管理部门审批、编号和发布，明确标准的实施日期。

标准批准、发布后，要公布于众，并立即组织印刷发行，尽快把标准发行到各有关实施部门和单位，使他们在标准实施日期之前作好实施标准的各项准备工作。

8. 标准的修改、补充和定期复审

标准的修改是指在不降低标准技术水平和不影响产品互换性能的前提下，对标准的内容（包括标准名称、条文、参数、符号以及图、表等）进行个别的少量的修改和补充，而不改变标准的顺序号和发布年代号。

只有标准得到及时地修改和补充，才能适应科学技术和生产实践的发展，节省人力、物力。

国家标准、行业标准、地方标准一般不超过五年，企业标准不超过三年应复审一次，分别予以确认、修订或废止。随着现代科学技术发展的速度越来越快，标准的复审与修订期也在逐步缩短。

第二节　标准的编写与实施

一、标准的编写

标准是一种特定形式的技术文件，为了便于编写、审查和使用，ISO/IEC 和各国际标

准团体，以及各国标准化机构对编写标准都有一套基本规定，也就是说，都有统一的编写方法。如我国标准的编写必须符合 GB/T 1.1—2000《标准化工作导则》。

标准的编写方法是指标准内容的叙述方法、编排方式和各图表、注释的表达方式等。

标准编写得是否正确，直接关系到标准的贯彻，影响到标准之间的交流。因此，我们应该十分重视标准的编写方法。

1. 编写的基本要求

（1）正确 标准中的图样、表格、数值、公式、化学式、计量单位、符号、代号和其他技术内容都要正确无误。

（2）准确 标准的内容表达要准确、清楚，以防止不同人从不同角度产生不同的理解。

（3）简明 标准的内容要简洁明了、通俗易懂。不要使用生僻词句或地方俗语，在保证准确的前提下尽量使用大众化语言，使大家都能正确理解和执行，避免产生不易理解或不同理解的可能性。不易理解之处（或术语）应有注释。

标准中只规定"应"怎么办，"必须"达到什么要求，"不得"超过什么界限等，一般不讲原因和道理，凡能定量表达的都要定量表达。

根据标准内容的具体情况，选择文字、图表、或文字和图表并用的表达方式，宜用文字的用文字，宜用图表的用图表。

（4）和谐 首先，编写标准时要注意不能与国家的有关法律、法规相违背，相反，应使这些法律、法规在标准中得到贯彻。如标准中的计量单位名称、符号要遵守《中华人民共和国计量法》和《关于在我国统一实行法定计量单位的命令》，一律采用中华人民共和国法定计量单位。

其次，编写标准时要与现行的上级、同级有关标准协调一致，要与该标准所属的标准体系表内的标准和谐一致，以充分发挥标准化系统整体功能。

（5）统一 在同一标准中所用的名词、术语、符号、代号要统一，与有关国家标准相一致。

同一个概念应始终用同一名词或术语来表达，不能在一个标准中出现其他同义词，即不能出现一名多物或一物多名的现象。

其次，同级标准的书写格式、章条的划分、幅面大小以及编号方法等都要统一；同类标准的构成、内容编排也要统一，都要符合《标准化工作导则》的有关规定。

最后，标准中使用的汉字和翻译的外文也要统一，汉字要推广使用国家正式公布的简化汉字，杜绝错别字。

归纳起来，上述五条基本要求就是："标准的内容应正确，文字要表达得准确、简明、通俗易懂，并做到与国家法规、有关标准协调一致，编写方法必须规范化"。

2. 标准主要内容的编写

任何标准都由概述、标准正文和补充部分三个要素构成。其内容不是任何一项标准都要写的，某一项标准应包括的内容，应根据标准化对象的特征和制定标准的目的而定。

（1）概述部分 包括标准的封面、目次、前言、引言等要素，其内容为介绍标准内容、说明标准背景；标准制定原因、过程及其与相关标准的关系等。

① 封面：我国标准的封面上应写明标准代号、编号、标准名称，标准的发布和实施日

期，标准的发布部门等，国家标准封面上还应有国际标准分类号（ICS）。

封面格式及其字体、符号规格按 GB/T1.1—2000 规定执行。

② 目次：当标准内容较长、条文较多（一般在 15 页以上）时，应编写目次。目次的内容包括条文主要划分单元（一般为章）和附录的编号、标题和所在页码。

③ 前言：每个标准都应有前言，以便标准的使用者正确了解该标准的有关情况。

④ 引言："引言"写在"首页"第一章"范围"前面，一般不写标题，也不编号。主要写出关于标准技术内容以及关于制定标准原因的特殊信息说明。但不能包括技术要求。如没有，可省略不写。

（2）标准正文　是标准的主体，规定了标准的要求和必须遵守的条文。它由一般要素和技术要素两部分构成，现简介如下。

① 一般要素包括标准名称、标准范围和引用标准三部分。

标准名称是标准的总标题，应能简明、准确地说明标准的主题，直接反映标准化对象的特征和范围，并使其与其他标准相区别。我国标准名称一般由标准化对象的名称和技术特征两部分组成。

标准范围，即标准规定的主题内容及其适用范围，它作为标准正文的第一章，是标准区别于其他技术文件的重要标志，但不应包含要求。

引用标准是"在标准或法规中引用一个或多个标准，以代替详细的规定"。

② 技术要素包括术语及定义、符号和缩略语、技术要求和规范性附录等内容。其中技术要求的编写应根据各类标准的结构特点和需要，按照 GB/T 1《标准化工作导则》，GB/T 1.1—2000《标准编写规则》等标准规定分别编写。

（3）资料性要素　资料性要素包括资料性附录，条文中的脚注、注释、表注和图注和采用说明的注，参考文献和索引。

① 资料性附录一般编写在标准的附录后，并与标准的附录一起依次编号，如附录 A、附录 B……列入目次。

② 条文中的脚注，注释、表注和图注、采用说明的注。

条文中的脚注、只用来对标准条文中某个词汇或某段句子加以解释，从而为读者提供理解该词汇或句子的信息。

条文中的注释是对该条文的解释。一般直接在该条文下方。左起空两格写出"注"字，加冒号；然后写出注释具体内容。

表注和图注可以包含技术要求。表注，应直接注写在表格的框架内，在"注："后写出注释内容；图注，一般位于图样下方与图名上方之间，并对每个表或图的注均使用单独的编号顺序。

采用说明的注在等效采用国际标准时，对技术内容的小差异，应在有差异条文处右上角用 1]、2]、3] ……顺序编号，并在该条文页面左下方，划一细实线，其长度约为版面宽度的四分之一，在细实线下，左起空两字位置，以"采用说明"为标题按顺序相应说明差异的内容。

③ 参考文献为可选要素。

④ 索引也为可选要素。

二、标准的实施

标准的实施是标准制定或修订过程的延续，更是使标准化作用得以充分体现的关键过程。因此，我们应该大力抓好各类标准的实施工作。

1. 实施标准的原则

（1）服从长远利益原则 实施标准，往往会给实施单位增加一些投入，会与当前的生产或工作任务有矛盾。但从长远来看，通过贯彻执行新标准，将使实施单位的技术水平和产品质量得到提高，扩大生产销路，增强产品知名度，增强竞争力，从而获取更大的经济效益。

（2）顾全大局原则 有些标准，比如关于安全、卫生、环境保护方面的标准，从整个社会效益来看利益很大，但从某一局部、某一单位来看，利益不大甚至还要增加开支和工作量，这就要局部服从整体，要顾全大局。

（3）区别对待原则 贯彻标准要根据不同情况区别对待。如根据企业不同的设备、生产和技术条件，分别实施产品标准中不同质量等级标准，同时努力改善条件，使质量升级。

（4）原则性和灵活性相结合的原则 既要严格贯彻执行标准，同时又要结合实际灵活应用标准，以做好新旧标准的过渡。

2. 实施标准的一般程序和方法

从我国实施各类标准的经验来看，大致上可以分为计划、准备、实施、检查、总结五个程序，其程序框图如图6-1所示。

（1）计划 实施标准之前，要根据《标准贯彻措施建议》，结合本部门、本单位的实际情况，制订出"实施标准的工作计划"或"方案"。

计划内容主要包括贯彻标准的方式、内容、步骤、负责人员、起止时间、要求和目标等等。

在制订计划时应该注意到以下四点。

① 除了一些重大的基础标准和产品标准需要专门组织贯彻实施外，一般应尽可能结合或配合其他任务进行标准实施工作。

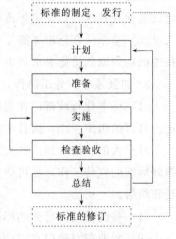

图 6-1 实施标准的一般程序框图

② 应该按照标准实施的难易程度不同合理组织人力。

③ 要把实施标准的项目分成若干项具体任务，分配给各有关单位、个人，明确职责，规定起止时间以及相互配合的内容与要求。

④ 要对标准实施后的经济效果进行预测分析，节约开支、避免浪费。

（2）准备 准备工作是实施标准的最重要的环节。只有进行充分的准备，采取有效措施，标准的实施才能得以顺利进行。

标准实施前的准备工作一般有以下四个方面。

① 思想准备。首先要对贯彻的标准有一个正确认识，包括对其重要性的认识。向有关人员宣讲：标准的内容；新旧标准的比较、过渡方法；国内外标准水平的对比；贯彻标准的效益；贯彻实施的方法；贯彻过程中可能出现的问题及处理方法等。

② 组织准备。要结合实施标准的实际工作量大小及复杂程度，做好人力和组织安排。

③ 技术准备。技术准备是标准实施的关键，首先要准备好技术资料，标准文本和有效的相关文本；汇集标准编制说明，实验报告，注意事项等。对贯彻标准中存在的技术难题，要组织力量解决，必要时应进行技术改造或技术攻关。

④ 物资准备。标准实施到生产技术活动中，常需要一定的物质条件，如贯彻互换性标准，需要相应的刀具、量具、仪器等，贯彻产品标准需要相应的检测设备，贯彻零部件元器件标准需要落实有关的专业协作厂等。

（3）实施　实施就是采取行动把标准规定的内容用于生产、科研、设计和流通领域中去，采取有力措施，保证各类标准的实施工作顺利进行。

（4）检查验收　检查验收是标准实施中一项重要环节，它可以促使标准的进一步全面实施。

检查验收中，一是要进行图样与技术文件的标准化检查；二是要从产品方案论证开始，一直到产品出厂的各个环节，都应在标准化方面进行检查。比如对系列产品，从产品研制阶段的标准化要求开始检查，这种检查不是图纸文件上的小修小改，而是一种根本性的检查。

通过检查、验收，找出标准实施中存在的各种问题，采取相应措施，继续实施标准，如此反复检查几次，以促进标准的全面贯彻。

（5）总结　在标准实施工作告一段落时，应对标准实施情况进行全面总结，特别是对存在的问题采取的措施和取得的效果进行分析和评价。

3. 加强领导，分工协作，共同做好标准的贯彻实施工作

（1）标准化行政部门在实施标准中的任务　各级标准化行政部门不仅应该做好标准的制定、修订的组织工作，而且应该积极推动并监督标准的贯彻实施。

对重大的、涉及面广的直接关系人民群众利益的强制性标准，各级标准化行政部门要组织好标准的宣传工作，尽可能使标准为大家熟知、理解，并协调处理好标准实施中发生的问题和纠纷。

对一些跨部门跨行业的标准，要注意做好协调工作，保证标准能全面顺利实施。

（2）行业归口部门在实施标准中的任务　各行业归口部门对有关标准的实施要统筹安排、指导检查。

（3）企事业单位在实施标准中的任务　企事业单位是实施标准的主体和落脚点。对本单位适用的强制性国家标准、行业标准和地方标准，必须认真、严格地组织实施；对推荐性标准，则要从单位实际情况出发确定适宜的实施方式，积极组织实施。对企事业自行制定的标准更应努力实施。

4. 各类不同标准的实施特点

在贯彻实施标准时，不同类型的标准，要根据不同的特点，采取不同的做法。

① 涉及面较广的基础标准贯彻时要抓住"宣、编、改"三环节。

"宣"，就是要广泛宣传；"编"，就是要编写标准的介绍材料，帮助有关人员掌握和运用这项标准；"改"，就是认真地把老标准改成新标准，做好新老标准的过渡工作。

② 互换性标准的实施要同时抓相应配套的测试仪器、检具的研究、生产工作。

③ 零部件标准的实施一定要和专业化、技术革新和技术改造紧密结合起来。

④ 产品标准的实施一定要和计量工作、质量管理工作紧密结合起来。

⑤ 安全、卫生和环境保护标准的实施要与贯彻有关法律、法规紧密结合起来。

⑥ 农、林、牧、渔业标准的实施要文物并用，灵活推行。

⑦ 企业管理体系标准的实施要与现代企业制度的建立与执行结合起来。

总之，实施标准是一项复杂而又细致的工作，我们应该根据各种标准的内容和特性，采取不同的方式和方法努力贯彻标准，让它们在社会生产和生活中充分发挥其效能和作用。

第三节　企业标准化

企业标准化是标准化工作的重要组成部分，它不仅是企业组织生产的重要手段，也是企业进行现代化管理的重要基础工作之一。处在市场经济环境中的企业，了解熟悉标准化，提高标准化意识，认真开展好标准化工作是十分必要的。

一、企业标准化的地位和作用

1. 企业标准化是企业生产、技术和管理活动的依据和基础

企业标准化贯穿于企业生产、技术、管理活动的全过程，涉及到市场营销、设计、生产、工艺、设备、检验……直到售后服务等各个环节。标准是进行这些环节工作的技术和管理的依据。

2. 企业标准化是提高产品质量的有效途径

在市场经济环境下，企业只有提高产品质量水平才能使产品质量符合顾客的要求，企业的产品才有市场。提高标准水平，可以通过采用国际标准和国外先进标准，也可以制定严于国家标准、行业标准的企业标准。

3. 企业标准化可以引导企业开拓市场

企业根据市场和顾客对产品质量的需求，经过设计开发将其转化为标准，再按标准组织生产，其产品肯定符合市场需要。

4. 标准化能维护企业的合法权益

标准化已经形成了一套完整的法律、法规、规章体系，企业严格按照这些法律、法规要求，认真开展标准化工作，不仅能够促进技术进步，提高产品质量，而且能维护企业的合法权益。当企业碰到合同纠纷、产品质量纠纷，还有假冒伪劣产品等问题时可以利用标准化法律、法规这个武器进行自我保护。

二、企业标准化工作的基本任务

国家技术监督局于 1990 年制定了《企业标准化管理办法》。该办法指出：企业标准化工作的基本任务是，执行国家有关标准化的法律、法规，实施国家标准、行业标准和地方标准；制定和实施企业标准，并对标准的实施进行检查。依照这个规定，企业标准化工作有以下四项基本任务。

1. 贯彻有关标准化法规和方针政策

标准化法规体系是在总结我国 50 年来经济建设、科学技术发展经验，并结合标准化工作的实践经验基础上制定的，是国家法规体系的重要组成部分，是指导全国各行各业开展标准化工作的法规依据。作为企业开展标准化工作的法律依据，企业应当认真贯彻实施，以推动企业标准化工作正常开展。

2. 实施技术法规和各级标准

目前我国对"技术法规"这个概念还没有统一的定义。这里讲的"技术法规"主要是指强制性标准。强制性标准内容是：保证人体健康，人身财产安全的标准和法律、行政法规规定执行的标准。

另外，各省、自治区、直辖市人民政府标准化行政主管部门制定的工业产品的安全、卫生要求的地方标准，在本行政区内是强制性标准。

凡与企业有关的强制性标准，企业必须严格执行。

国家标准、行业标准中的推荐性标准具有一定的先进性、适用性和权威性，企业应当积极贯彻执行。有些企业忽视推荐性标准的重要性和作用，不采用推荐性标准，而是制定一些比推荐性标准水平低的企业标准，这种做法是不正确的。

3. 制定、实施企业标准

（1）企业标准的制定范围　《标准化法》规定：企业生产的产品没有国家标准和行业标准的，应当制定企业标准。作为组织生产的依据，已有国家标准、行业标准的，国家鼓励企业制定严于国家标准或行业标准的企业标准。

（2）企业标准的实施　实施标准是《标准化法》规定的标准化工作的三项任务之一，也是企业标准化活动中的一个关键环节。实施标准，是将本企业所需要的各级、各类标准（包括强制性标准）有组织、有计划地贯彻到生产、经营、管理活动中去，使企业的生产、技术和管理工作按标准要求进行。

（3）实施标准的基本原则

① 国家标准、行业标准、地方标准中的强制性标准，企业必须贯彻执行；不符合强制性标准的产品，禁止生产、销售和进口。

② 企业一经采用的推荐性标准，应严格执行。企业生产的产品采用推荐性标准的，应在合同中约定或产品标识上予以明示，从而受到"经济合同法"或"产品质量法"的约束，必须严格执行。其他推荐性标准一旦编入企业标准体系表，也应严格执行。

③ 已备案的企业产品标准和其他标准，均应严格执行。企业标准在企业内部都是必须执行的，没有强制性和推荐性之分。

④ 出口产品的技术要求，依照合同的约定执行。出口产品不单独制定标准，其技术要求由双方在合同中约定。

4. 企业实施标准的监督检查

对标准实施进行监督检查，是推动标准实施的重要手段，也是保证标准得以实施的重要措施。对标准实施的监督检查，是指对标准的贯彻执行情况进行督促、检查和处理活动。包括上级有关部门对企业的监督检查和企业的自我监督检查。

企业实施标准的监督检查可以督促企业严格执行标准。通过依法监督检查，可以全面了解标准实施的情况，掌握产品的质量状况，对不执行标准的企业进行督促、帮助，指导企业解决标准执行中存在的问题，促使企业认真严格实施标准。

企业实施标准的监督检查有利于维护标准的严肃性。标准是生产者、经销者以及社会共同遵守的依据，企业声明执行的标准具有法规性质，通过监督检查，可利用舆论的、法律的手段来维护标准的严肃性。

通过监督检查，还可以发现企业标准化工作中存在的问题，从而找出原因加以改进，提高企业标准化工作水平。

企业实施标准监督检查的内容包括：企业生产的产品质量、标识、包装是否符合有关标准的规定；生产过程和各项管理工作，贯彻实施企业标准体系中的有关标准情况；企业研制新产品，进行技术改造，引进技术和设备是否符合国家有关标准化法律、法规、规章和有关强制性标准的要求。

企业实施标准监督检查主要有企业自我监督、政府监督、行业监督和社会监督等四种形式。

三、企业标准化工作管理

企业标准化管理是整个企业管理系统中不可缺少的一项管理职能。它既服务于其他各管理系统，同时又是其他各管理系统行使职能的基础和依据。企业标准化管理包括企业标准化管理机构和人员、企业标准化工作职责、规划和计划、企业标准化信息管理、企业标准化人员的培训教育等内容。

1. 企业标准化机构和人员

建立企业标准组织机构，应当根据企业的生产规模、产品品种和标准化工作任务来确定，以能正常开展工作为原则。作为企业标准体系的组成部分，技术标准、管理标准和工作标准之间有着密切的联系，只有设立一个统一的职能机构，才能把各方面的力量组织调动起来，才能建立起适应企业生产经营需要的企业标准化体系。

标准化人员是指在企业专职（或兼职）从事标准化工作的科技人员和管理人员。

2. 企业标准化工作的职责

从企业的最高领导到各岗位人员都在标准化方面具有一定的职责。

(1) 企业领导的标准化职责

① 贯彻国家标准化工作的方针、政策、法律、法规、规章，确定标准化工作任务和指标。

② 审批标准化工作计划、规划及其重大问题，批准标准化活动经费。

③ 审批企业标准。

④ 负责对企业标准体系的评定审核。

⑤ 对推动企业标准化工作做出贡献的单位和个人进行表彰奖励，对不认真贯彻标准、造成损失的责任者按规定进行处罚。

(2) 标准化机构的职责

① 组织贯彻国家的标准化方针、政策、法律、法规、规章，编制本企业的标准化工作规划、计划。

② 组织制定和修订企业标准，建立健全企业标准体系。

③ 组织实施有关的国家标准、行业标准、地方标准和企业标准。

④ 组织对本企业实施标准的情况的监督检查。

⑤ 参与研制新产品、改进产品、技术改造和技术引进的标准化工作，提出标准化要求、负责标准化审查。

⑥ 做好标准化效果的评价与计算，总结标准化工作经验。

⑦ 统一归口管理各类标准，建立档案，搜集国内外标准化信息资料。

⑧ 对本企业有关人员进行标准化培训、教育，对本企业有关部门的标准化工作进行指导。

⑨ 承担上级委托的有关标准化的其他任务。

（3）各职能部门、车间（标准化组或兼职标准化人员）的职责

① 组织本部门、本车间完成上级下达的标准化工作任务和指标。

② 组织实施与本部门、本车间有关的标准。

③ 按工作标准对所属人员进行考核、奖惩。

3. 企业标准化工作的规划、计划

企业要在总结过去经验的基础上，根据整个企业的长远规划、近期计划及方针目标，拟定标准化工作的长远目标和近期任务，以便有计划地进行科学管理。

企业主要应制定以下几个方面的规划、计划。

① 制定、修订标准项目的规划、计划。

② 标准化科研项目计划，有两方面的内容，一是对制、修订标准本身要进行的一些研究项目；二是对标准化管理需要进行研究的项目。

③ 实施标准的项目规划、计划，包括实施标准的方式、步骤、内容、负责人员、所需条件、应达到的预期目标等。

④ 采用国际标准的规划、计划，包括采用国际标准（含国外先进标准）的具体项目、工艺措施、重大技术改造、设备更新等内容。

（5）标准化培训计划，包括培训时间、对象、内容等。

4. 企业标准化信息管理

在信息时代，标准化信息管理已成为企业信息管理的重要组成部分。

标准化信息管理，就是对标准文献，以及其他领域中与标准化相关的信息资料进行有组织、及时地搜集、加工、贮存、传递、分析和研究，并提供服务等一系列活动。

（1）标准化信息的范围　包括企业生产、经营、科研、贸易等方面需要的各种现行有效的各级标准文本；国内外有关的标准化期刊、出版物、专著；国家和地方有关标准化的法律、法规、规章和规范性文件；有关的国际标准、技术法规和国外先进标准的中外文本和其他与本企业有关的标准化信息资料。

（2）标准化信息管理的基本要求　标准化信息管理应具有广泛而稳定的收集渠道；对收集到的信息资料应及时进行分类、整理、登记、编目，做到妥善管理；及时、准确地了解与本企业有关的标准发布、修订、更改和废止的信息和资料，并及时传递给企业内有关部门，做到信息畅通，废止的标准应及时收回；能及时更替、更改本企业收藏的标准资料，保持良好的时效性并建立标准化信息库。

5. 企业的标准化培训教育

企业标准化是一项由企业全员参加的全员性工作，要搞好企业标准化工作，就必须对企业的干部和全体员工进行标准化法律、法规和标准化知识的培训教育，提高每个干部、员工的标准化意识和贯彻执行标准的自觉性。

四、企业标准体系及其构成

1. 企业标准体系及其属性

（1）企业标准体系　是随着企业的生产、技术和管理的发展而形成的。企业标准体系的定义是："企业内的标准按其内在联系形成的科学的有机整体"。

（2）企业标准体系的属性

① 企业标准体系的目的性很明确，它是企业管理总目标的组成部分，并为实现企业总目标服务。建立企业标准体系时一定要围绕实现企业总目标，从企业的实际需要出发，适合本企业使用为目的。

② 企业标准体系必须由包括各种类型的一定数量的标准组成。孤零零一两个标准是不能成为体系的，当然也产生不了标准体系所能发挥的效应。标准体系内的标准数量以能满足企业当前实际需要为原则。

③ 企业管理是分层次的，为管理服务的标准也必定要分层次。在企业里，有些事项是对全企业发生作用的，有些事项只是在部分部门或部分车间或部分岗位起作用的。如基础标准和通用标准是全企业通用的标准，是居于高层次的共性标准，对企业各类标准的制定起到统一、协调作用。

④ 企业标准体系随着企业生产经营活动的变化而变化，它始终要与企业的生产经营活动相适应。因此，企业标准体系是一个处在动态环境中的动态系统，而不可能是一成不变的。

2. 企业标准体系的构成

（1）企业标准体系的构成　企业内的标准之间存在着功能上的联系，只有将它们按其内在的联系严密地组织起来，才能充分发挥其作用。标准之间的内在联系构成了标准体系，企业内的标准体系越完善，各类标准的作用就会发挥得越充分。

企业标准体系的构成应包含以下内容：

① 能满足企业生产、技术和管理活动所需要的全部标准；

② 与企业生产、经营的方针目标相适应，并围绕方针目标建立标准体系；

③ 要贯彻标准化法律、法规、规章和强制性标准；

④ 贯彻执行有关国家标准和行业标准。

（2）企业标准体系构成的表现形式　企业标准体系包括企业所需要的全部标准，其表现形式是以企业技术标准为主体，包括管理标准和工作（作业）标准，如图 6-2 所示。

① 综合标准体系是以企业技术标准为核心包括企业管理标准和工作标准在内的全部标准所构成的标准体系。构成综合标准体系的技术标准体系又称为技术标准分体系（或子体系），管理标准分体系（或子体系），工作标准分体系（或子体系）。

② 技术标准体系是为满足企业技术工作需要而建立起来的全部技术标准所构成的体系，是企业标准体系的主体。

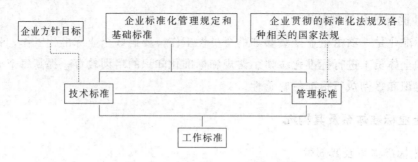

图 6-2　企业标准体系层次结构图

③ 管理标准体系是企业根据其管理工作的需要而建立起来的全部管理标准所构成的体系。

④ 工作标准体系是企业根据其自身实施技术标准和管理标准的需要而建立起来全部工作标准所构成的体系。

第四节　标准化信息

以标准文献为主要内容的标准化信息管理是标准化工程中的一个重要分支。本节重点介绍一下标准文献的概念、代号、编号，标准文献的收集和检索方法。

一、标准文献的基本概念

标准文献是指由技术标准、管理标准及其他具有标准性质的类似文件所组成的一种特种文献。

标准文献包括一整套在特定活动领域内必须执行的规定、规范、规则等文件。它要与现代科学技术和生产发展水平相适应，并且随着标准化对象的变化而不断补充、修订、更新换代。

构成标准文献至少应具备三个条件：①标准化工作成果；②必须经过主管机关的批准认可而发布；③要随着科学技术和生产发展的不断更新换代，不断地进行补充、修订或废止。

二、标准文献的收集

标准文献的收集就是通过购买、访求、征集、交换等方式不断收集和补充标准文献资料，逐步建立起自己的标准文献库。

1. 标准文献的收藏范围

技术标准、技术法规、管理标准是标准文献的主体，为了有利于标准信息工作的更好开展，适应标准化事业和生产的需要，标准化信息的藏书范围还应该包括标准化期刊和连续出版物、标准化专著、国家有关标准化的法规、文件、标准化会议文件以及有关的社会经济、科技信息资料。

按照载体形式划分，标准文献可分为印刷型、缩微型、机读型和声像型四类。

（1）印刷型文献　即传统的纸张印刷品。是目前一种主要的出版形式。其优点是便于阅读流传，不受时间、地点、条件的限制。

（2）缩微型文献　也称缩微复制品。在贮存和传递信息过程中，采用缩微技术，可节省空间，便于标准文献的保存和处理。标准文献的缩微化，是标准信息工作现代化的发展趋势之一。

（3）机读型文献　是指电子计算机可以阅读的资料。主要有磁带、磁盘等。它们能存贮大量的信息，并以极快的速度从中取出所需的信息。

（4）声像型文献　也称视听资料或直感资料。这种文献用唱片、电影、幻灯片、录像带、录音带等直接记录声音和图像，给人以直接感觉。这类资料对于科学观察、知识传播都能起到独特的作用。使用声像资料时，必须配备有相应的声像设备。

缩微型、机读型和声像型文献在整个科技文献构成中的比重正在日益增大，但在相当长的一段历史时期内，印刷型标准文献仍将占主导地位。

2. 标准文献的收集原则

标准文献收藏的目的在于信息报道和提供使用。因此，收藏工作做得好坏，关系到整个信息服务工作的质量，要想做好标准文献的收集，必须遵循下列原则。

（1）目的性原则　不同类型的标准信息部门，由于它们的性质任务不同，服务对象不同，因而收藏标准文献的范围重点都有不同的特点和要求。

（2）系统性原则　收集的标准必须配套成龙，完整无缺，才能有较大的保存价值与使用价值。

（3）动态性原则　标准文献有很强的时效性，在收集过程中不但要收集最新版本的标准，而且要特别注意标准修改单、补充单的及时收集，注意浏览国内外标准期刊或通报中有关标准修订、补充和作废的消息，以确保把现行有效的标准提供给用户。

（4）分工协调原则　不同标准信息部门之间藏书建设的分工协调，可以减少重复收集，节省资金，又可增加标准文献品种，提高标准文献利用率。

三、标准文献分类方法

标准文献的分类目的是对标准藏书实行科学管理，将其内容系统地揭示出来，便于读者检索使用。是根据标准化对象的专业性质，参照文献本身的特点，在具有一定体系的分类组织中给每一种标准以相应的位置，并通过一定分类号来反映。

1992 年国际标准化组织（ISO）推荐了一种国际标准分类法（International Classification for Standards 简称 ICS），并决定自 1994 年开始按 ICS 编辑其标准出版物及标准目录。

ICS 便于标准信息的分类、排序，可以用作国际标准、区域标准、国家标准及其他标准文献的目录结构，也可以用于数据库和图书馆中标准与标准文献的分类。可使各级标准文献或信息在全世界得到迅速传播。下面简单介绍其结构和规则。

ICS 采用三级分类，第一级类目由 41 个大类组成，分别由二位数字代表，如：

01　综合、术语、标准化、文献

07　数学、自然科学

11　医学卫生技术

12　环境和保健、安全

17　计量学和测量、物理现象

35　信息技术，办公设备

59　纺织和皮革技术

71　化工技术

77　冶金

83　橡胶和塑料工业

二级类目兼顾各类目标准文献量相对平衡，按照通用标准相对集中，专用标准适当分散的原则，有 387 个中类，类号由三位数字代表，如

71·020　化工生产　　　　71·040　分析化学

71·060　无机化学　　　　71·080　有机化学

三级类目，把中类再细分成 789 个小类，用两位数字代表，如

71·060·10　化学元素

71·080·20　卤代烃

三级类目数字中间都用圆点隔开。

ICS 法简明、方便，我国自 1997 年 1 月 1 日起，在国家标准、行业标准、市地方标准采用 ICS 分类法。

《中国标准文献分类法》于 1984 年 7 月试行，1989 年修订后正式发布执行。是由国家标准化部门组织各方面力量，根据我国标准化工作的实际需要，结合标准文献的特点，参照国内外各种分类法的基础上编制的一部标准文献专用分类法。适用于我国各级标准的分类，其他有关标准文献和资料亦可参照使用。

（1）分类体系与类目设置

① 分类体系原则上由二级组成，一级为主类，主要以专业划分。二级类目采用双位数字表示，每个一级主类之下包含有由 00～99 共 100 个二级类目。二级类目的逻辑划分，用分面标识加以区别。分面标识所概括的二级类目不限于 10 个，这对二级类目起到了范围限定作用，弥补了由于二级类目采取双位数字的编列方法而使类目等级不清的缺点。

分面标识的作用，是用以说明一组二级类目的专业范围。其形式举例如下：

一级类目标识符号→W　　　表示纺织←一级类目名称

分面标识→W10/19　　　　表示棉纺织←分面标识名称

② 对于类无专属又具有广泛指导意义的标准文献，如综合性基础标准、综合性通用技术等，设综合大类，列在首位，以解决共性集中问题。各大类之下，也有类内的共性集中问题，一般统一列入 00—09 之内，按下述次序编列：

00　标准化、质量管理

01　技术管理

04　基础标准与通用方法

08　标志、包装、运输、贮存

09　卫生、安全、劳动保护

③ 通用标准和专业标准，采取通用相对集中，专用适当分散的原则。例如，通用紧固件标准入 J 机械类，航空用特殊紧固件入 V 航空、航天类，纺织机械标准入 W 纺织类，油

漆入 G 化工类，绝缘漆入 K 电工类等。

④标准情报部门为了细分标准文献的需要，可以采取三级类目扩充方法。即在二级类目标记符号之后加一圆点，再用 0～9 十个数字表示。如 J13 紧固件，如需要细分三级类时，其扩充方法是：

J13	紧固件
J13·0	紧固件综合
J13·1	螺栓
J13·2	螺钉
J13·3	螺母
J13·4	铆钉
J13·5	垫圈、挡圈
J13·6	销

(2) 标记制度 类目的标记符号采取拉丁字母与阿拉伯数字相结合的方式，即以一个拉丁字母表示一个大类，字母的顺序表示大类的先后次序；以两位数字（00-99）表示二级类目。

24 个大类是：

A. 综合   B. 农业、林业

C. 医药、卫生、劳动保护   D. 矿业

E. 石油   F. 能源、核技术

G. 化工   H. 冶金

J. 机械   K. 电工

L. 电子基础、计算机与信息处理 M. 通讯、广播

N. 仪器、仪表   P. 土木、建筑

Q. 建材   R. 公路、水路运输

S. 铁路   T. 车辆

U. 船舶   V. 航空、航天

W. 纺织   X. 食品

Y. 轻工、文化与生活用品   Z. 环境保护

标记示例：

例1 B	农业、林业
B01/09	农业、林业综合
B00	标准化、质量管理
B01	技术管理
例2 J10/29	通用零部件
J10	通用零部件综合
J13	紧固件
J16	阀门

四、标准文献的检索

标准文献的检索是根据规定课题，按照一定的标记系统（如主题词、分类号等），从标准文献资料中查找所需标准文献的过程。要检索，就要借助于检索工具，检索工具是对一次文献进行分类加工后编制而成的二次文献，可分为手工检索和机械检索工具两种。手工检索工具主要是指各种目录、题录、文摘等，需要由人来直接查找。机械检索工具则是指机械穿孔卡片、计算机检索系统、光电检索系统等，它们是借助于力学、电子学、光学等手段来查找的工具。

1. 检索工具

检索工具出版形式大致可分为四种，即书本式、卡片式、缩微式和机读式。

（1）书本式 书本式检索工具分为期刊式、单卷式和附录式三种。

① 期刊式检索工具指有固定名称进行定期连续出版，有年、卷、期编号的检索工具，它们是期刊的一种类型。如我国的《世界标准信息》、《标准化文摘》。这种期刊式检索工具有连续性，查阅它们可以掌握和了解当前世界各主要国家的标准发展概况及动向，便于及时检索新标准。

② 单卷式检索工具是单独出版的一种检索工具。各国标准化机构和国际标准化机构每年或每两年定期出版的累积目录或者按照某一专题或专业编辑出版的标准目录。如我国出版的《国内外造船标准目录》等。这种检索工具累积文献资料的时间长，较全面和系统，是最常见的一种检索工具。

③ 附录式检索工具，一般附在期刊中。如《中国技术监督》、《中国标准化》杂志每期都附有新发布的国家标准目录。

（2）卡片式 卡片式检索工具是把每条题录或文摘印在卡片上，然后按着一定的分类、主题、顺序号把卡片逐片排列，成为一套目录卡片。使用时，按照卡片的排列方法，就能很快地找到所需文献。

（3）缩微式 缩微式即以缩微胶卷或胶片（平片）出版的一种检索工具。这种检索工具兼有体积小、存贮密度大、占用面积少、保管方便、价格便宜、记录速度快等优点。

（4）机读式（磁带式） 它是以磁带形式出版的一种检索工具。现在世界上许多国家的情报机构先后采用国际标准磁带格式记录题录等信息。

2. 检索方法与途径

（1）检索方法 标准文献的检索方法可分为三种。即常用法、追溯法和分段法。

① 常用法是利用检索工具查找文献的方法。它是目前查找标准文献最常用的一种方法。例如利用各国各机构出版的标准目录、标准化期刊来查找国外标准。

② 追溯法是从已有的标准文献中所列出的参考文献或相关标准逐一追查不断扩检的查找方法。如根据日本 JIS 标准的编制说明、德国 DIN 标准中开列的"同时适用的标准"编号及名称，可进一步扩大检索线索，查找出对口适用的标准。

③ 分段法是上述两种方法的结合。就是先利用检索工具查找出所需的标准，然后再用追溯法查出相关的标准，如此交替使用不断查找下去，因此又称循环法。

（2）检索途径　利用检索工具查找标准文献的途径主要有分类途径、主题途径和号码途径三种。

① 分类途径是利用标准文献的分类号进行检索的途径。一般都按分类编排，直接利用类目，按类进行查阅。

② 主题途径是通过能表达文献内容的主题词来检索文献的途径，这种索引是按主题词字顺编排，一般附在书本目录后面。

③ 号码途径是通过已知标准号码来查找文献的途径。是利用书本目录所附的号码索引来进行检索。

（3）检索步骤

① 分析研究课题是弄清楚读者或用户提出的课题的真正意图与其实质所在，是着手查找标准前必不可少的第一步。另外对标准的年代应给予重视，以免造成误用。

② 确定检索范围与检索标志是对课题进行分析后，就要确定检索范围和标志，也就是确定所要查找的课题属于哪个国家，哪种标准，哪个学科和专业。例如"整经机术语"标准就应确定是属于纺织机械类的。

确定检索标志，就是确定检索词。如果采用分类法，就得查出与该课题相关的类和标准号；如果采用主题法，就要确定其课题的主题词。

③ 选定检索工具是确定要利用哪些检索工具，以何种检索工具为重点。一般应首先查找反映馆藏的检索工具，如馆藏目录或卡片等。这样，用户可直接找到原始标准。如果读者外文掌握不够熟练，可先查找国外标准译文目录或卡片。如果查不到，还应去查找原文版国外标准目录，以防漏检。另外，有的读者不知道他要查的是哪个国家的标准，在这种情况下，可先检索该学科或专业比较发达和先进国家的标准，如查国外光学仪器方面的产品标准，可考虑先查德国标准。

在选用有关检索工具时，务必注意下列几个问题：

版本目录不反映最新标准，如 JIS 目录 1986 年版本，只包括 1986 年 3 月 31 日以前发布的标准；

中文版译文目录，由于出版周期长，内容较陈旧，所以查了中译本目录之后，应再查原文版最新目录，以免漏检；

注意标准的有效年代，以免误用。

实训　标准信息的检索

本次练习可根据各地实际情况在现场采用判断题、选择题或问答题形式进行。

实训一　识别标准文献的种类。

实训二　说明 ICS 采用的分类方法及其编号形式。

实训三　用主题词检索硫酸有什么国际标准。

实训四　用分类目录检索硫酸有什么国际标准。

实训五　用卡片式检索工具检索有关硫酸制备的标准。

习　题

一、选择题

1. 国家标准、行业标准、地方标准一般不超过（　　）年要复审一次。

A. 2　　　B. 3　　　C. 4　　　D. 5

2. 企业采用的推荐性标准，（　　）。

A. 应严格执行　　　B. 需要时执行　　　C. 根据产品情况决定　　　D. 不必执行

3. 标准的（　　）是标准制定过程的延续。

A. 编写　　　B. 实施　　　C. 修改　　　D. 发布

4. 标准的前言应写在标准的（　　）部分。

A. 概述　　　B. 正文　　　C. 补充　　　D. 附录

5. 磁带、磁盘属于（　　）型文献。

A. 印刷　　　B. 缩微　　　C. 机读　　　D. 声像

6. 1992 年国际标准化组织推荐了一种国际标准分类法，简称（　　）

A. ISO　　　B. JIS　　　C. IEC　　　D. ICS

二、判断题

1. 标准在人们感觉需要时就可以制定，不需要把握时机。（　　）

2. 标准的内容要简洁，通俗，所以可以使用地方俗语。（　　）

3. 企业标准在企业内部都是必须执行的，没有强制性和推荐性之分。（　　）

4. 环保方面的标准由于要增大开支，所以企业可以根据自身情况选择执行。（　　）

5. ICS 采用三级分类，第一级类目由二位数字代表。（　　）

三、简答题

1. 制定标准的一般原则是什么？

2. 简述制定标准的一般程序。

3. 实施标准之前要做好哪些方面的准备工作？

4. 企业标准化工作的基本任务是什么？

第七章　质量管理体系标准

学习目标

1. 熟悉国际标准的内容及代号。
2. 熟悉采用国际标准程度及表示方法。
3. 了解 ISO 9000 族标准主要内容。
4. 了解服务质量标准化管理知识内容。

20 世纪以前市场经济不发达，属于低级阶段，手工作坊式的生产占主导地位，生产分工粗糙，质量检验由工人自己完成，产品质量主要由操作者的经验、技艺保证。20 世纪初，随着资本主义生产组织日臻完善，技术不断发展，生产分工细化，这是从技术到管理的全面革命。美国质量管理学家泰勒首创用计划、标准化和统一管理三项原则管理生产，提出计划与执行分工、检验与生产分工，建立终端专职检验制度。

二次世界大战时，美国经济复苏，军需物资出现大量质量问题，"终端检验制"的质量管理已无法解决。为此，美国政府颁布了三项战时质量控制标准：《质量控制指南》、《数据分析用控制图法》和《工序控制用控制图法》。这是质量管理中最早的质量控制标准。二次世界大战后，美国民用工业也相继采用这三项标准，以后开展国际合作，正式进入了"统计质量管理阶段"，即把质量管理的重点由生产线的"终端"移至生产过程的"工序"，把全数检验改为随机抽样检验，把抽样检验的数据分析制作成"控制图"，再用控制图对工序进行加工质量监控，从而杜绝过程中大量不合格品的产生。

1961 年美国通用电气公司质量经理菲根堡姆出版了《全面质量管理》一书，指出："全面质量管理是为了能够在最经济的水平上并考虑到充分满足用户要求的条件下，进行市场研究、设计、生产和服务，把企业的研制质量、维持质量和提高质量的活动构成为整个的有效体系"。20 世纪 60 年代世界各国纷纷接受这一全新观念，在日本首先开花结果，极具成效。全面质量管理的特征是"四全"、"一科学"。即全过程的质量管理、全企业的质量管理、全指标的质量管理、全员的质量管理以及以数理统计方法为中心的一套科学管理方法。

1979 年，国际标准化组织（ISO）成立了第 176 技术委员会（TC176），负责制定质量管理和质量保证标准。ISO/TC176 的目标是"要让全世界都接受和使用 ISO 9000 族标准，为提高组织的运作能力提供有效的方法；增进国际贸易，促进全球的繁荣和发展；使任何机构和个人，可以有信心从世界各地得到任何期望的产品，以及将自己的产品顺利地销到世界各地"。1986 年，ISO/TC176 发布了 ISO 8402《质量管理和质量保证—术语》标准，1987年发布了 ISO 9000《质量管理和质量保证标准—选择和使用指南》等一系列标准。随后，ISO 9000 族标准进一步扩充到包含 27 个标准和技术文件的庞大标准"家族"。

第一节　采用国际标准

随着世界各国科学技术的进步和发展，国际间的经济交流与技术交流日益频繁，这就需要在不同国家之间，以及在不同的企业管理模式之间，对一些重复性事物和概念作出某些规定，并得到国际权威机构的认可。于是，国际标准就应运而生。

所谓国际标准，就是指国际标准化组织（ISO）、国际电气技术委员会（IEC）和国际电信联盟（ITU）所制订和发布的标准；以及其他一些国际标准化组织，例如国际计量局（BIPM）、国际合成纤维标准化局（BISFA）等国际标准化组织发布的标准。

所谓采用国际标准，其主要含义是：吸收国际标准中的内容，通过分析研究，不同程度地将其纳入我国标准中，并贯彻实施。

目前，向国际标准靠近和采用国际标准，几乎已成为世界各国标准化工作所一致确定的目标和方向。

一、采用国际标准的意义

在我国的标准化工作中，历来就十分重视采用国际标准。我国国务院于 1990 年 4 月 6 日发布的《中华人民共和国标准化法实施条例》中第四条明确地规定："国家鼓励采用国际标准和国外先进标准，积极参与制定国际标准。"早在 1984 年，当时的国家标准局曾以国标发（1984）133 号文专门发布了一个《采用国际标准管理办法》。1993 年 12 月原国家技术监督局颁布了《采用国际标准和国外先进标准管理办法》，同时废止 1984 年原国家技术监督局颁布的《采用国际标准管理办法》。1999 年原国家质量技术监督局对 1993 年颁布的《采用国际标准和国外先进标准管理办法》进行修订，调整一些不适应市场经济发展的采用国际标准的政策，同时决定，对于采用国际标准的程度、表示方法和编写方法的有关要求按 ISO/IEC 指南 21：1999 重新修改。《采用国际标准管理办法》已于 2001 年 11 月 21 日由国家质量监督检验检疫总局颁布，同时废止 1993 年 12 月原国家技术监督局颁布的《采用国际标准和国外先进标准管理办法》。这几个办法极大地推动了我国标准采用国际标准的进程。

采用国际标准在我国标准化工作的重要性，可以通过如下几个方面来说明。

1. 可以促进我国科学技术和管理水平的迅速提高

众所周知，我国当前正在大力加强现代化经济建设，力争尽快赶上或接近世界上发达国家的水平。要想发展经济，关键在于提高我国的科学技术水平，科技是第一生产力。

标准化作为世界范围的工作领域，渗透在科学实验，产业发展，生产组织、经济管理，以及国际贸易和科技交流等各个方面，标准化已成为世界范围内科学技术和管理工作的重要组成部分。

一般说来，国际标准和国外先进标准综合了当代许多发达国家的先进科技成果，其中包含有大量的技术信息和技术数据，也包含有先进的管理方法和经验，是当代国际科学技术和管理科学先进水平的具体体现，是全世界几十万专家在几十年内，尤其是在近一二十年内共同劳动取得的成果。据国内一些采用过国际标准部门的体会，积极采用国际标准和国外先进标准，确实有助于迅速提高我国科技水平和管理水平。正是因为如此，我国政府积极倡导采用国际标准和国外先进标准，并把它作为我国实行改革开放，实现技术引进的一个重要部分。

2. 可以加快产品的更新换代，提高产品质量，扩大出口贸易

标准化是适应生产和经营的需要而产生和发展的，它是社会文明和科学技术与生产力发展水平的标志。当前科学技术的发展极为迅速，市场的竞争不仅在国内贸易中十分激烈，在国际市场更加明显。要想使我国产品在国际市场上牢固地占有一席之地，并不断扩大出口贸易，以增强我国的经济实力，这就必须按国际标准的先进水平来组织生产。正是出于这一认识和需要，我国政府十分重视采用国际标准，特别是从 20 世纪 80 年代以来，积极组织和动员各方面的力量，翻译、校正、出版了大量的国际标准和国外先进标准，并在有出口任务、有引进国外技术以及技术和管理水平较高的工厂中推广。其结果不仅是迅速提高了我国的科技水平和管理水平，而且，也使我国对外贸易的状况发生了根本性变化。

在 20 世纪五六十年代，我国出口中的绝大部分是农副产品和原材料，贸易中的逆差很大。到七八十年代，有相当一部分工业产品参与了出口贸易的行列，出口贸易额成倍地增长，对外贸易中的逆差状况有了很大的变化。进入 90 年代以来，随着对外改革开放政策的进一步深入，我国的科技水平显著提高，经济状况明显改善，产品质量有了质的飞跃。例如，各种家电产品市场几乎被国外产品全部占有的情况已经一去不复返了，我国企业自己生产的电视机、电冰箱、洗衣机、空调机、计算机等产品，正日益受到国内消费者的欢迎和信赖，有的产品甚至向美国、日本等国家出口。1996 年，在国际市场竞争激烈、国内出口退税率降低的条件下，外贸进出口总额达到 2890 多亿美元，比 1995 年增长 3.2%，进出口基本平衡。这些成就的取得，除了国家实施改革开放的政策以外，与积极开展标准化工作和采用国际标准也是密切相关的。

3. 可以提高我国的标准化水平

我国属于发展中国家，在国家的综合实力、生产力的水平和标准化水平方面，与世界发达国家相比都有着相当的差距。要想改变这一状态，积极参与国际标准化组织的活动，不断增加我国采用国际标准的程度和比率（即提高采标率），是其中的一项重要措施。

1978 年 9 月，中国标准化协会（CAS）正式加入了国际标准化组织（ISO）。此后，我国便以积极成员的身份参与了 ISO 及其所属组织的各项活动。在国内标准化工作中，始终坚持以市场经济为导向，以国际标准为目标，有计划有步骤地开展工作，要求各级标准化工作部门，每年都要提出采用国际标准的年度计划，并定期监督和检查实施情况。据有关资料报道，"十五"期间国际标准转化率要达到 70% 左右的目标，重要工业产品的采标率要达到 75%～80% 左右，到 2005 年底，预计 ISO、IEC 标准总数达到 21000 项，其中，除去以转化和不需要转化的外，还有 8000 多项需要转化。

正是由于我国标准化工作中确定了这样的政策，并切实贯彻执行，因而提高了我国标准化工作的总体水平，为我国国民经济的持续发展做出了贡献。

二、采用国际标准的原则

为了做好采用国际标准的工作，我国有关部门曾发布了《采用国际标准管理办法》［国家标准局国标发（1984）133 号文］。其中明确地指出："采用国际标准和国外先进标准的方

针是：认真研究，积极采用，区别对待。"该办法第四条还指出："采用国际标准要密切结合我国国情，符合国家的有关法规和政策，讲求经济效益，做到技术先进，经济合理，安全可靠。"采用国际标准应遵循下列原则。

① 采用国际标准和国外先进标准应当符合国家的有关法律、法规，讲求经济效益，特别要考虑社会效益，做到技术先进，经济合理，安全可靠。

② 采用国际标准既要考虑专业标准的特点，也要注意各专业同类标准之间以及与国际标准的协调和统一。通过不断采用国际标准，各专业都要逐步建立起包括产品系列、原材料、化学分析及物理试验方法等一整套较为完善的标准体系。

③ 采用国际标准时，其一级品的质量指标原则上要达到国际标准水平，如果国际标准不能满足需要或无国际标准，可采用国外先进标准。

现行的国家标准中，高于国际和国外先进标准的质量指标和要求，一般不应降低，确实不合理的，须经过试验和论证方可修改。

④ 对于国际标准中的通用基础标准（术语及定义、量和单位、兼容互换性等）、试验方法标准应首先采用。

通用的基础标准、方法标准以及有关安全、卫生、环境保护等标准，一般应等同或等效采用国际标准。

⑤ 当同一标准化对象在国际或国外先进标准中推荐几种方案，或国际间不协调，或在国际或国外先进标准中只规定产品的主要性能指标的情况下，在采用这类标准时，应根据我国的实际情况，选取国际上通行的方案，或作出必要的补充，以满足国内的需要。

⑥ 在技术引进和设备进口中采用国际标准，应符合《技术引进和设备进口标准化审查管理办法（试行）》的规定。

凡成套引进设备装置，其产品标准应当采用设备装置提供国的合同标准，其质量指标不允许降低。当同一产品系由几个国家引进多套设备装置生产时，其制订的标准质量指标应力求统一，对质量指标差别较大的产品，可按用途的不同合理分档分级。其试验方法应统一采用国际标准，如无国际标准时，可选择采用某一引进国家的标准，但应考虑和我国现行的通用试验方法协调一致。

凡研制的新产品在鉴定时都应进行标准化审查，制订出相应的技术标准，原则上要达到国际或国外先进标准水平。

⑦ 积极参加国际标准化活动和国际标准的制定工作。积极承担 ISO、IEC 和 ITU 的技术委员会秘书处工作。在制定国际化标准的过程中对于不合理的条款，包括对我国利益有影响的条款，应积极提出我国的修改意见。

三、采用国际标准的工作步骤和方法

1. 采用国际标准的工作步骤

目前，由于我国各行业的经济发展不均衡，技术水平的差异也比较大，这就决定了各行业的标准化工作的发展不能完全一致，各行业在采用国际标准中的侧重点也不会相同。例如，有的行业重点采用国际标准中的产品标准，而有的行业重点采用国际标准中的基础标准、测试方法标准等。

根据专家们的研究和实践总结，采用国际标准和国外先进标准时，一般应遵循如下的工作步骤。

① 首先要做好国内外标准化的情报工作。制定出采用国际标准的规划或计划。

各标准化技术归口单位或标准化技术委员会，在编制本专业标准发展规划时，应组织人力、物力，通过调查研究，去收集和整理当前国内外先进标准，分析研究这些标准的国际通用性、科学性和适应性，了解它们在国际贸易中的地位和作用，分析对比国内外同类标准的先进性、技术性的异同点，以确定采用国际标准的方针、目标和步骤，制定出切实可行的规划、计划、方案以及相应的技术措施计划。如有必要，还应进行试验和验证。

② 加强有关专业归口单位之间的协调和配套性研究。

在制订规划时，要及时与生产主管部门沟通，使生产技术措施计划与标准化工作计划相协调一致；制定各级标准的规划与采用国际标准的规划要协调一致；标准有共性的有关专业归口单位之间也要协调一致，同时要做到分工明确，措施到位。

③ 根据采用国际标准的实践经验或出现的问题，及时总结，找出问题的根源，在适当的时机进行修订。

④ 为了进一步完善我国的标准体系，要优先采用ISO的基础标准、试验方法标准和安全标准，采用程度基本上要等同采用。

⑤ 采用国际标准中的产品标准时，本着创优、出口等重点产品再到一般产品，由易到难，由试点企业推广到全行业，但决不能搞一刀切的做法。

⑥ 按国际标准认证我国产品，以便为我国产品进入国际市场做好必要的准备。

2. 采用国际标准的方法

采用国际标准的方法分为翻译法和重新起草法。等同采用时，采用翻译法；修改采用时，采用重新起草法。

(1) 翻译法　翻译法即等同采用国际标准，国家标准基本上就是国际标准的译文。译文的准确性尤为重要。但翻译时可以进行必要的编辑性修改，删除国际标准中的资料性概述要素。

下面列出的是应用翻译法采用国际标准时需在国家标准相应位置作出调整的情况。

① 封面采用GB/T 1.1规定的格式和按GB/T 20000.2—2001中8.3的规定在标准封面上标注一致性程度。

② 目次中的页码按国家标准重新编排。

③ 前言按GB/T 20000.2—2001的规定，国家标准原则上只有自己的前言，在前言中说明与相应国际标准的相关信息，不再保留相应国际标准的前言［必要时，可予以保留，置于中国标准的前言之后，冠以"（某国际标准组织）前言"，例如"ISO前言"］。

④ 引言。原国际标准中的引言，翻译后经过必要的编辑加工，可将原国际标准引言的适用内容转化为国家标准的引言，不应再保留或提及国际标准的引言。

⑤ 附录。采用翻译法的国家标准如果需要增加资料性附录，应将这些附录置于原国际标准的附录之后，并按条文中提及这些新增附录的先后次序编排附录的顺序。每个附录的编号由"附录N"和随后表明顺序的大写拉丁字母组成，字母从"A"开始，例如，"附录NA"、"附录NB"等。这样，新增加的资料性附录就不至于打破原国际标准的文本结构。

"等同"程度的编辑性修改应在国家标准的前言中指出。不必采用附录标明编辑性修改，也不必在文中做出相应的标识。

（2）重新起草法　重新起草法实际上是根据国际标准的内容和结构顺序，按照 GB/T 1.1 的结构及表述方法重新用中文编写中国标准，要求条款中的文字按中文习惯表达。ISO/IEC 指南 21：1999《国际标准采用为地区性或国家标准的指南》虽然承认重新起草法是采用国际标准的一种有效的方法，但是重要的技术性差异可能会因为文本结构和表述的不同而被掩盖，使得国际标准与中国标准难以比较，一致性程度难以确定。重新起草法还使得与不同国家间的标准的一致性程度难以确定。因此，ISO/IEC 不鼓励使用重新起草法。但中国由于语言习惯与国际存在的差异，不可能放弃重新起草法。中国的标准需要按我们的语言习惯（例如语序、叙述方法等）来编写，特别适用于与国际标准一致性程度为"修改"和"非等效"标准的编写。

四、采用国际标准的程度和表示方法

各国在采用国际标准原则和方法上需要一个统一的尺度，以保证各自采用国际标准的结果能得到相互承认，当然首先得应得到 ISO/IEC 的认可。为此，ISO/IEC 制定了指南 21 规范各成员国采用国际标准的方法与结果。中国将 ISO/IEC 指南 21（1999 年版）修改采用为 GB/T 20000.2—2001《标准化工作指南　第二部分：采用国际标准的规则》，对与国际标准一致性程度的划分做出了原则规定。

中国标准与国际标准的一致性程度分为三种：等同、修改和非等效。与国际标准一致性程度为"等同"和"修改"的中国标准，被视为采用了国际标准，而与国际标准的一致性程度为"非等效"的中国标准，不被视为采用国际标准，仅表明该标准与国际标准的对应关系。

1. 等同

"等同"程度分为两种情况：①国家标准与国际标准在技术内容和文本结构方面完全相同；②国家标准与国际标准在技术内容上相同，但可以包含小的编辑性的修改。

这两种情况的任何一种都属于"等同"程度。为了适应中国的语言习惯，在采用国际标准时，不可避免地要进行一些编辑性修改，所以，中国标准等同采用国际标准通常属于后一种情况。

"等同"程度的含义是：国际标准可以接受的内容在中国标准中也可以接受，反之，中国标准可以接受的内容在国际标准中也可以接受。因此，符合中国标准就意味着符合国际标准，这就是"反之亦然原则"。

"等同"条件下的编辑性修改，可以包括如下情形。

① 在国际标准中表示小数使用小数点符号"，"，而在中国则使用小数点符号"．"。小数点符号"．"为中国法定的数学符号。

② 印刷错误指由于出版印刷过程中引起的错误，例如拼写错误、章节顺序号的颠倒等。页码变化可能是由于各国标准的版式与国际标准有不同，还可能由于中国标准增加了资料性内容（如资料性附录、注）或由于采用翻译法的中国标准引起了文字所占页面多少的变化，从而导致页码的变化。

③ 一些国际标准是以多语种发布的。例如一个国际标准在一个文本中以英文、法文和俄文 3 种语言文字发布。而作为中国标准只能以其中一种语言文字为准，例如英文，则可不再对照法文和俄文。

④ 采用国际标准的中国标准如需纳入中国标准体系中已有的某一系列标准，或具有多个部分的某一标准中，而这一系列标准或具有多个部分的这一标准的名称的引导要素或主体要素可能与对应的国际标准的名称不同，为了与已有标准的名称一致，则需按已有标准的名称改变国际标准的名称。

⑤ 国际标准中内容的表达在提及自身时往往用"本国际标准"表述，而采标的中国标准叙述的角度转化为以中国标准自身出发，在提及自身时，则需要改用"本标准"表述。当作为标准的部分发布时，则需要改用如"GB/T×××××的本部分"或"本部分"表述。

⑥ 典型的资料性内容，包括对标准使用者的建议、培训指南、推荐的表格或报告等。这些资料性内容可以资料性附录或注等形式给出。需特别注意的是，这样的附录或注不应变更、增加或删除国际标准的规定，否则会使中国标准与国际标准产生技术性差异。

⑦ 资料性概述要素包括封面、目次、前言和引言。在中国标准中，为了符合本国标准惯例，往往删除国际标准中原有的资料性概述要素。如封面，由于各国标准的封面都另有规定，除采用认可法以外，均需改用本国封面式样。前言也需要重新编写，可能会增加编辑性修改内容。所以删除国际标准中原有的资料性概述要素是常见的做法。

⑧ 中国标准中应采用中国法定的计量单位。如果使用与国际标准不同的计量单位制，则需在中国标准中增加单位换算的内容，例如增加一个有关单位换算的资料性附录。

2. 修改

"修改"程度的含义是：中国标准与国际标准之间允许存在技术性差异，这些差异应清楚地标明并给出解释。中国标准在结构上与国际标准相同，只有在不影响对中国标准和国际标准的内容及结构进行比较的情况下，才允许对文本结构进行修改。因此，对于"结构"的修改应当慎重。当确需对"结构"进行修改时，应在中国标准中列出与国际标准的结构对照表，例如，中国标准与国际标准相应的章条对照表。"修改"还可包括"等同"条件下的编辑性修改。

"修改"程度的中国标准与对应国际标准之间存在技术性差异，符合中国标准不表明符合对应的国际标准。即"反之亦然原则"不适用。

"修改"可包括如下情况：

① 中国标准的内容少于相应的国际标准　例如，中国标准不如国际标准的要求严格，仅采用国际标准中供选用的部分内容。

② 中国标准的内容多于相应的国际标准　例如，中国标准比国际标准的要求更加严格，增加了内容或种类，包括附加试验

③ 中国标准更改了国际标准的一部分内容　中国标准与国际标准的部分内容相同，还有些部分的要求不同。

④ 中国标准增加了另一种供选择的方案　中国标准中增加了一个与相应的国际标准条款同等地位的条款，作为对该国际标准条款的另一种选择。

另外还有一种情况，中国标准可能包括相应国际标准的全部内容，还包括不属于该国际

标准的一部分附加技术内容。在这种情况下，即使没有对所包含的国际标准做任何修改，其一致性程度也只能是"修改"或"非等效"。至于是"修改"还是"非等效"，取决于技术性差异是否被清楚地指明和解释。

3. 非等效

"非等效"的含义是：中国标准与相应国际标准在技术内容和文本结构上不同，同时它们之间的差异也没有被清楚地标明；还包括在中国标准中只保留了国际标准中少量或不重要条款的情况。

4. 与国际标准一致性程度的代号

中国标准与国际标准一致性程度可以代号表示，列于表 7-1。

表 7-1　与国际标准一致性程度的代号

一 致 性 程 度	代 号
等同（identical）	IDT
修改（modified）	MOD
非等效（not equivalent）	NEQ

第二节　ISO 9000 族标准简介

国际标准化组织（ISO）颁布的质量管理与保证系列国际标准 ISO 9000 族自 1987 年发布以来，已被 70 多个国家等同采用，我国于 1992 年等同采用了 ISO 9000 系列国际标准。世界各国的使用者也反映这套标准还存在着一些不足和需要解决的问题。如 1994 版标准所采用的过程和语言的表述主要是针对生产硬件的组织，其他行业采用标准时，对于标准的理解和具体实施带来诸多不便；标准的框架主要是针对规模较大的组织而设计的，而对于规模较小、机构简单的组织就难以使用等问题。鉴于此，ISO/TC 176 对 1994 年版 ISO 9000 族标准进行了修订，并在 2000 年底发布 2000 版的 ISO 9000 族标准。

一、ISO 9000 族标准简介

1. 2000 版 ISO 9000 族标准的结构

2000 版 ISO 9000 族标准，其中有四个核心标准。

（1）ISO 9000：2000《质量管理体系—基础和术语》　该标准描述了质量体系的基础知识，并规定了质量管理体系术语。

（2）ISO 9001：2000《质量管理体系—要求》　该标准提供了质量管理体系的要求，供组织证实其提供满足顾客和适用法规要求产品的能力时使用。组织通过有效地实施体系，包括过程的持续改进和预防不合格，使顾客满意。

（3）ISO 9004：2000《质量管理体系—业绩改进指南》　该标准提供了改进质量管理体系业绩的指南，包括持续改进的过程，提高业绩，使组织的顾客和其他相关方满意。

（4）ISO 19011：2001《质量管理体系和环境管理体系审核指南》　该标准提供了质量管理体系和环境管理体系审核的基本原则、审核方案的管理、质量和环境管理体系审核的实施以及对质量和环境管理体系审核员的资格要求提供了指南。

2. 2000 版 ISO 9000 族标准的主要特点

（1）能适用于各种组织的管理和运作 新版标准使用了过程导向的模式，替代了以产品（质量环）形成过程为主线的 20 个要素，以一个大的过程描述所有的产品，将过程方法用于质量管理，将顾客和其他相关方的需要作为组织的输入，再对顾客和其他相关方的满意程度进行监控，以评价顾客或其他相关方的要求是否得到满足。

（2）能够满足各个行业对标准的需求 为了防止将 ISO 9000 族标准发展成为质量管理的百科全书，新版 ISO 9000 族标准简化了其本身的文件结构，取消了应用指南标准，强化了标准的通用性和原则性。

（3）易于使用、语言明确，易于翻译和容易理解 ISO 9001 和 ISO 9004 两个标准结构相似，都从管理职责、资源管理、产品实现、测量分析和改进四大过程来展开，方便了组织的选择和使用。在术语标准中，将分散的术语和定义，用概念图的形式，将与 10 个主题组有关概念之间的关系，用分析与构造的方法，按逻辑关系，将其前后连贯，以帮助使用者比较形象地理解各术语及其定义之间的相互作用和关系，并全面掌握它们的内涵。

（4）减少了强制性的"形成文件的程序"的要求 新版 ISO 9001 标准在体系管理方面，只明确要求建立六个形成文件的程序，在确保控制的原则下，组织可以根据自身的需要决定制定多少文件。虽然新版标准减少了文件化的强制性要求，但是强调了质量体系有效运行的证实和效果，从而体现了新标准注重组织的实际控制的能力、能够证实的能力和实际效果，而不只是用文件化来约束组织。

（5）将质量管理与组织的管理过程联系起来 新版标准强调了过程的方法，即系统识别和管理组织内所使用的过程，特别是这些过程之间的相互作用，将质量管理体系的方法作为一种管理过程的方法。

（6）强调了对质量业绩的持续改进 新版标准将持续改进作为质量管理体系的基础之一。持续改进的最终目的是提高组织的有效性和效率。它包括改善产品的特征和特性、提高过程有效性和效率所开展的所有活动，从测量分析现状、建立目标、寻找解决办法、评价解决办法、实施解决办法、测量实施结果，直至纳入文件等一系列不断的 PDCA 循环。

（7）强调了持续的顾客满意是推进质量管理体系的动力 顾客满意是指顾客对某一事项已满足其需求和期望的程度的意见。这个定义的关键词是顾客的需求和期望。由于顾客的需求和期望在不断地变化，是永无止境的，因此顾客满意是相对的、动态的。这就促使组织持续改进其产品和过程，以达到持续的顾客满意。

（8）与 ISO 14000 具有更好的兼容性 两类标准的兼容性主要体现在定义和术语统一、基本思想和方法一致、建立管理体系的原则一致、管理体系运行模式一致以及审核标准的一致性等方面。

（9）强调了 ISO 9001 作为要求标准和 ISO 9004 作为指南标准的协调一致性，有利于组织的持续改进 ISO 9001 标准旨在满足产品规定的要求，规定使顾客满意所需的质量管理体系的最低要求。组织可通过符合 ISO 9001 标准的要求来证实满足顾客要求的能力，旨在确保组织的有效性。提高组织效率的最好方法是在使用 ISO 9001 标准的同时，使用 ISO 9004 标准，使组织通过不断的改进，提高整体效率，增强竞争力。

（10）考虑了所有相关方利益的需求　　相关方指的是"与某个组织的业绩或成就有利益关系的个人和团体。例如顾客、所有者、员工、供方、银行、工会、合作者和社会"。针对所有相关方的需求实施并保持持续改进其业绩的质量管理体系，可使组织获得成功。

二、2000 版 ISO 9000 族标准介绍

1. 八项质量管理原则

八项质量管理原则是 ISO/TC 176 在总结质量管理实践经验的基础上，用高度概括、易于理解的语言所表述的质量管理的最基本、最通用的一般性规律，它是组织的领导者有效实施质量管理工作必须遵循的原则，是制定 2000 版 ISO 9000 族标准的理论基础。

对于一个组织的管理者，若想成功地领导和经营组织，使其在市场具有竞争力，需要采取一种系统的、透明的方式对组织进行管理。针对所有相关方的需求，实施并保持持续改进组织业绩的管理体系，可以使组织获得成功。八项质量管理原则有三方面的作用：

① 指导组织的管理者完善本组织的质量管理；

② 指导 ISO/TC 176 编制 ISO 9000 族新标准；

③ 指导广大的审核员、咨询师和质量工作者学习、理解和掌握 2000 版的 ISO 9000 族标准。

2. 八项质量管理原则的实施要点

（1）以顾客为关注焦点　　组织依存于其顾客，因此，组织应当理解顾客当前的和未来的需求，满足顾客要求并争取超越顾客期望。

（2）领导作用　　领导者将本组织的宗旨、方向和内部环境统一起来，并创造使员工充分参与实现组织目标的环境。

（3）全员参与　　各级人员是组织之本，只有他们的充分参与，才能使他们的才干为组织带来最大的收益。

（4）过程方法　　将相关的资源和活动作为过程进行管理，可以更高效地得到期望的结果。

（5）管理的系统方法　　针对设定的目标，识别、理解并管理一个由相互关联的过程所组成的体系，有助于提高组织的有效性和效率。系统方法的特点在于它围绕某一设定的方针和目标，确定实现这一方针和目标的关键活动，识别由这些活动构成的过程，分析这些过程间的相互作用和相互影响的关系，按某种方式或规律将这些过程有机地组合成一个系统，管理由这些过程构成的系统，使之能协调地运行。

（6）持续改进　　持续改进是组织的一个永恒的目标。事物是在不断发展的，都会经历一个由不完善到完善、直至更新的过程，人们对过程的结果的质量要求也在不断提高，例如对产品和服务的质量要求。因此，管理的重点应关注变化或更新产品所产生结果的有效性和效率，这就是一种持续改进的活动。

（7）基于事实的决策方法　　对数据和信息的逻辑分析或直觉判断是有效决策的基础。成功的结果取决于活动实施之前的精心策划和正确的决策，而正确适宜的决策依赖于良好的决策方法。依据准确的数据和信息进行逻辑推理分析或依据信息作出直觉判断是一种良好的决策方法。利用数据和信息进行逻辑判断分析时可借助其他的辅助手段，如统计技术等。

（8）互利的供方关系　　通过互利的供方关系，增强组织和供方创造价值的能力。随着生产社会化的不断发展，组织的生产活动分工越来越细，专业化程度越来越强，促使生产技术水平越来越高，产品质量得到大幅度提高。通常，某一个产品不可能由一个组织从最初的原材料开始加工直至形成最终顾客使用的产品，而是往往是通过多个组织分工协作来完成的。因此，绝大多数组织都有其供方。供方所提供的高质量产品是组织为顾客提供高质量产品的保证之一。组织市场的扩大，则为供方增加了更多的合作机会。所以，组织与供方的合作与交流是非常重要的。最终促使组织与供方均增强了创造价值的能力，使双方都获得了效益。

3. 基本术语

基本术语分九大类：

① 质量——一组固有特性满足要求的程度。

② 过程——一组将输入转化为输出的相互关联或相互作用的活动。

③ 程序——为进行某项活动或过程所规定的途径。

④ 产品——过程的结果。

⑤ 合格——满足要求。

⑥ 质量管理体系——指导和控制组织的关于质量的管理体系。

⑦ 有效性——完成策划的活动并达到策划结果的程度。

⑧ 效率——得到的结果与所使用的资源之间的关系。

⑨ 质量改进——质量管理的一部分，致力于增强满足质量要求的能力。

第三节　服务质量标准化

一、服务的概念

服务在 ISO/DIS9000：2000 质量管理体系族标准是这样定义"服务"的：服务——无形产品，在供方和顾客接口处完成的至少一项活动的结果。这一定义非常抽象而原则。我们可以从 GB/T 19000-ISO 9000：1994《质量管理和质量保证》族标准对"服务"下的定义，较全面地去理解。

服务（Service）：为满足顾客的需要，供方和顾客之间接触的活动和供方内部活动所产生的结果。

理解"服务"术语的基本概念，应把握以下几点。

①"服务"也是产品，因为它也是"活动和过程的结果"，符合国际标准化组织对"产品"下的定义，是"硬件、软件、流程性材料和服务"四个通用类别中的一类。"服务"完全具有"产品"的一切特点和特征，人们完全可以统一按"产品"来表述其质量特性和要求。

② 没有供方与顾客的至少一项接触活动，就无从提供服务，所以"服务"是顾客和供方接触活动的结果，而且这种活动的目的是为了满足顾客的需要。服务活动的中心是顾客，这也是服务这一类产品的基本内涵。

③ 顾客的需要，一是指顾客的社会需要，一般包含在标准和规范的要求中，二是指顾

客某种具体的需要，这就需要在与顾客接触中识别。顾客的需要包括在组织的有关规定中，也应包括在具体的服务提供过程中。

④ 供方与顾客以服务为目的接触，可以是人的，也可以是物质的。

⑤ 服务可以和有形产品的制造和供应结合在一起提供服务过程的结果。

⑥ 有形产品的提供和使用，可以成为服务的一部分。

⑦ 对于服务提供，顾客与供方接口界面处的活动可能是最为重要的。

国际标准化组织把服务分为 12 大类：接待服务、交通与通讯、健康服务、维修服务、公用事业、贸易、金融、教育培训、行政管理、技术咨询、科学研究服务。随着社会文明的进步，各个服务业和服务贸易迅速发展起来。改革开放以来，我国经过十几年的努力，在服务行业全面推行服务质量国家标准，初步实现服务质量的制度化、程序化、标准化，服务质量基本达到国际标准。

二、服务质量标准化

1. 服务的特性

任何一类或一种"产品"都是"过程和活动的结果"，按其存在方式，一般可分为实物形态，既有形产品和非实物形态，既无形产品两大类。而服务类产品是非实物形态（无形产品）的，它有以下特征。

① 非实物性，即无形性。它是静止的质量，没有空间体积，不能被消费者直接触摸感觉、眼见、嗅闻。但它可以和有形产品的制造和供应结合在一起，或成为有形产品提供的一个部分。

② 生产和消费的同时性。服务提供一旦开始，顾客对服务的消费也就开始，服务的"生产"过程和消费过程在时间上不可分割。

③ 不可储存性。服务一旦供过于求，过剩的不是服务产品的本身，而是闲置的服务生产力。

④ 不确定性。服务的要素和质量水平的变化性，难以用一种固定的模式去界定和要求，这是因为服务是以人为"本"的产业，由人的特性普遍反映是个性，使得对服务的要求和质量标准以及检验很难采用统一的标准。

⑤ 服务提供的特殊性。服务提供是指提供某项服务所必需的供方活动，由于服务产品所具有的特征，决定了服务提供具有以下特性：

a. 服务的消费者直接参与了服务提供的过程；

b. 服务提供的持续性、均衡性受消费者的需求直接控制；

c. 服务提供过程中消费者对"服务"的消费与服务人员对"服务"的生产资料消耗同时进行。

2. 服务的质量特性

(1) 服务类产品质量和有形产品质量要求的共同之处

① 满足顾客的需求和期望；

② 都要经顾客的评价；

③ 供方应建立相应的质量管理体系来控制，保证并不断改进服务产品的质量等。

（2）服务类产品与其他有形类产品质量要求的不同之处

① 质量形成的过程不同。根据 GB/T 19000—ISO 9000 族标准提出一般产品寿命周期，既从营销和市场调研开始到产品使用后的再生利用和处置一般分为 12 个阶段。但由于服务过程的特殊性，服务从"产生"到"结束"主要有三个阶段，即营销过程（市场开发阶段）、设计过程和服务提供过程等三个阶段，控制好这三个阶段，质量就可以得到控制。

② 质量控制的难易和方式不同。

a. 有形产品的生产者可以预先制定明确的标准来控制和评价产品质量，而服务由于其无形性和不确定性等特征，一般难于用定量的指标来评价、测量、控制其质量。服务组织通常是根据市场营销结果得出的服务提要，顾客的共性要求，设计制定并依据服务规范和服务提供规范、质量控制规范来衡量服务质量的优劣，不可避免地带有管理者的主观意识，即使大量采用定性指标进行评价，也难于缩短与顾客期望之间的差距。

b. 由于服务类产品的生产与消费的同步性特征，服务组织的事后检验不能改变服务提供过程中产生的质量不合格或不符合，不能及时纠正过程中已产生的差错，从而使顾客直接面对不合格的服务。因此，服务组织通常不能使用最终检验的方法来控制和保证服务质量。此外，由于顾客直接参与服务提供过程，顾客在接受服务过程中，随时可能提出或改变要求，使服务提供的不确定性大大增加，加大了质量控制的难度，这都要求服务组织在服务提供过程中控制影响过程的诸要素，尽可能满足顾客对服务质量的要求。

c. 服务质量的好差不能完全由组织自行控制，它同时决定于顾客的感受。往往组织确认符合标准的服务，不一定是顾客满意的服务，这取决于顾客主观期望的预期质量水平和实际感受的对比。同一标准的服务，可能由于不同顾客的差异，得出不同的结论。顾客的一些因素是服务组织不可控制的。所以，服务质量既要受供方可控制的因素的影响，又要受顾客的原因而供方不可能完全控制的因素的影响，这就依赖于直接提供服务人员的随机应变能力。

③ 服务的质量评价方式不同。美国经济学家尼尔逊（Nelson）、达比（Darby）和卡尼（karNi）认为顾客对产品（包括有形产品和无形产品）的评价方式主要依据搜查特性、体验特性和信任特性。

综上所述，服务质量的形成过程与硬件、软件、流程性材料等产品不同，在研究服务质量管理，建立质量管理体系中要充分考虑其特点，国际标准化组织把服务纳入产品共性要求，制定 ISO 9000 族国际标准的同时，专门制定适用于服务组织质量管理体系的标准要素。

三、服务质量管理体系

服务组织要取得经营的成功，要在激烈的市场竞争中获胜，必须使其所提供的服务满足以下要求：满足规定的需要；满足并力争超越顾客的期望；符合适用的标准和规范；符合相关的法律、法规要求；价格合理而且有竞争力；提高效率、降低成本，使组织盈利。

为达到以上目的，始终满足顾客以及相关方的需求和期望，就必须建立并保持、改进自身的完善的质量管理体系，运用一套科学的管理工具（如编制质量文件、测量监控、评审和审核）来推动质量管理体系的有效运行和持续的改进。通过服务质量体系的有效运行，做到对可能影响服务质量的人员、设施、资源、方法、程序和环境等因素，以及服务提供的全过程进行系统有效的控制。通过质量管理体系的运行，做到组织的人力、财务、物质资源的合理、优化配置。GB/T 19004.2—ISO 9004-2 国家标准引言指出：建立和健全质量（管理）体系，成功地有效地进行质量管理，才能始终满足顾客和社会的需要，提高服务业绩，提高组织的生产率和效益，降低成本，提高市场的竞争力，服务组织才能盈利成功。

习　题

一、选择题

1. 采用国际标准的方法分为（　　）。

A. 翻译法　　B. 重新起草法　　C. 翻译法和重新起草法

2. 中国标准与国际标准的一致性程度分为（　　）。

A. 等同、修改和非等效　　B. 修改和非等效　　C. 等同和修改　　D. 等同和非等效

二、判断题

1. 1978 年 9 月，中国标准化协会（CAS）正式加入了国际标准化组织（ISO）。（　　）

2. 中国标准与国际标准的一致性程度分为三种：等同、修改和非等效。（　　）

3. 2000 版 ISO 9000 族标准的结构有四个核心标准。（　　）

4. 服务是为满足顾客的需要，供方和顾客之间接触的活动和供方内部活动所产生的结果。（　　）

5. 服务从"产生"到"结束"主要有三个阶段，即营销过程（市场开发阶段）、设计过程和服务提供过程。（　　）

6. 服务质量既要受供方可控制的因素的影响，又要受顾客的原因而供方不可能完全控制的因素的影响。（　　）

三、简答题

1. 八项质量管理原则有哪些方面的作用，其实施要点有哪些？

2. 2000 版 ISO 9000 族标准的主要特点有哪些？

3. 2000 版 ISO 9000 族标准的结构的四个核心标准是什么？

4. 服务具有哪些特性？

附录

中国行业标准代号

行业标准名称	行业标准代号	行业标准名称	行业标准代号
农业	NY	劳动和劳动安全	LD
水产	SC	电子	SJ
水利	SL	广播电影电视	GY
林业	LY	通信	YD
轻工	QB	电力	DY
纺织	FZ	核工业	EJ
医药	YY	测绘	CH
民政	MZ	金融	JR
教育	JY	海洋	HY
烟草	YC	档案	DA
黑色冶金	YB	商检	SN
有色冶金	YS	文化	WH
石油天然气	SY	体育	TY
化工	HG	物资	WB
石油化工	SH	环境保护	HJ
建材	JC	稀土	XB
土地管理	TD	城镇建设	CJ
机械	JB	建筑工业	JG
民用航空	MH	新闻出版	CW
兵工民品	WJ	煤炭	MT
公共安全	GA	商业	SY
汽车	QC	卫生	WS
铁路运输	TB	包装	BB
交通	JT	地震	DB
船舶	CB	旅游	LB
航空	HB	海洋石油天然气	SY
航天	QJ		

参 考 文 献

1　化学工业部人事教育司和化学工业部教育培训中心组织编写．化工计量常识．北京：化学工业出版社，1997
2　化学工业部人事教育司和化学工业部教育培训中心组织编写．标准化基础知识．北京：化学工业出版社，1997
3　国家标准化管理委员会编．标准化基础知识培训教材．北京：中国标准出版社，2004
4　国家标准化管理委员会编著．国际标准化教程．北京：中国标准出版社，2004
5　周群英．分析化验中法定计量单位实用指南．北京：中国计量出版社，1993
6　技术监督行业工人技术考核培训教材编委会组编．标准化计量质量基础知识．北京：中国计量出版社，1996
7　林景星，陈丹英．计量基础知识．北京：中国计量出版社，2001
8　洪生伟．标准化管理．第4版．北京：中国计量出版社，2003
9　李瑞主编．企业标准化人员培训专用教材——标准化基础教程．北京：中国标准出版社，2001
10　GB 3100～3102—1993 量和单位．北京：中国标准出版社，1994
11　吕绍杰，杜宝祥主编．化工标准化．北京：化学工业出版社，1998

内 容 简 介

本书主要介绍计量与计量法规、测量仪器、计量标准与检定、法定计量单位的使用、标准与标准化法律、标准的制定与实施、质量管理体系标准等内容。每一章都有学习目标和习题，个别章后增加了实际训练操作的练习内容，有利于使用者自学。

本书可作为化工类专业计量与标准化基础知识课程的教材，也可作为化工及相关企业工人培训的参考教材。